中央引导地方科技发展专项资金支持项目（XZ202301YD0034C）
国家自然科学基金项目（42407248，42477174）

多种参数变异下库岸堆积层滑坡稳定性概率评价

薛　阳　温　韬　苗发盛　吴益平　李麟玮　王艳昆　著

地质出版社
·北　京·

内容提要

本书围绕库岸堆积层滑坡岩土参数的时空变异特性及其稳定性评价体系展开系统研究，兼具理论创新性与工程应用价值。全书主要内容包括：创新性地提出了基于贝叶斯理论的本构模型参数概率评估方法，构建了监测数据驱动下的滑坡随机场模拟与参数反演集成技术；揭示了饱和渗透系数空间变异性对库岸滑坡渗流-变形耦合作用的影响机制；发展了基于亚塑性本构模型的数值边坡稳定性分析方法；建立了考虑库水波动带干湿循环弱化效应的堆积层滑坡时空演化模型；完善了库岸堆积层滑坡概率稳定性评价理论体系。研究成果为库区滑坡演化机理研究、地质模型精细化构建及稳定性动态评价提供了重要的理论支撑与方法指导。

本书可作为地质工程、岩土工程、土木工程和水利工程等领域研究人员、工程技术人员及相关专业师生的参考用书。

图书在版编目（CIP）数据

多种参数变异下库岸堆积层滑坡稳定性概率评价 / 薛阳等著. -- 北京：地质出版社，2025. 5. -- ISBN 978-7-116-14666-2

Ⅰ. TV697.3

中国国家版本馆 CIP 数据核字第 2025X2W070 号

DUOZHONG CANSHU BIANYI XIA KU'AN DUIJICENG HUAPO WENDINGXING GAILÜ PINGJIA

责任编辑： 张鹤凌
责任校对： 王　瑛
出版发行： 地质出版社
社址邮编： 北京市海淀区学院路31号，100083
电　　话： (010) 66554215（邮购部）；(010) 66554515（编辑室）
网　　址： https://www.gph.clmpg.com
传　　真： (010) 66554686
印　　刷： 北京地大彩印有限公司
开　　本： 787mm × 1092mm 1/16
印　　张： 7.5
字　　数： 130千字
版　　次： 2025年5月北京第1版
印　　次： 2025年5月北京第1次印刷
定　　价： 68.00元
审 图 号： GS京（2025）0445号
书　　号： ISBN 978-7-116-14666-2

前　言

以长江三峡水利枢纽工程、葛洲坝水利枢纽工程、锦屏水电站等为代表的一批水利水电工程建于自然河流之上。水利大坝的修建改变了岸坡的水文地质条件，从而诱发大量库岸滑坡变形破坏及老滑坡复活。以三峡库区的堆积层滑坡为例，这类滑坡具有成因机制复杂、赋存环境多样、岩土体性质不均一等特点。在地质体沉积和内外动力地质作用下，库岸堆积体滑坡内部的堆积结构呈现非均质、非连续和多尺度特性，导致土体属性存在内在的空间变异性。此外，受干湿循环等水动力作用的影响，库岸滑坡不同水文分区的土体性质具有时效性。由此可见，库岸堆积体滑坡的土体参数具有显著的时空变异特征。

由于人类认知局限、技术条件约束（如仪器设备精度、操作方法差异、试验手段不足等），在滑坡地质勘查、室内外岩土试验及岩土结构探测过程中，所获取的土体属性、模型参数与真实地质结构存在误差，使得表征水文条件、土体性质和结构的数学力学模型参数具有不确定性。

在库水动态运行条件下，库岸堆积层滑坡的岩土体表现出显著的时空变异性和参数不确定性。针对此类滑坡的稳定性评价，需综合考虑以下关键因素：堆积体内部结构的非均质变异特征；水动力条件劣化引发的土体性质时变效应。为此，本书系统开展库岸滑坡概率稳定性研究，主要研究内容如下：

（1）提出基于亚塑性本构模型的数值边坡稳定性分析方法及参数概率评估框架；

（2）构建监测数据驱动下的滑坡随机场模拟与参数反演技术流程；

（3）建立考虑库水波动带干湿循环弱化效应的堆积层滑坡时空变异模型。

本书紧密围绕库岸堆积层滑坡岩土体参数时空变异机制与稳定性评价方法这一核心科学问题，通过上述创新方法体系，为库岸滑坡风险评估提供理论支撑。基于建立的滑坡概率分析框架，本书选取了三峡库区典型滑坡作为实例开展以下研究。

1. 白水河滑坡渗流变形分析

通过饱和渗透系数空间变异性研究，揭示了非均质渗流场对库岸滑坡变形的影响机制。

2. 塘角滑坡多参数演化研究

（1）分析滑坡变形破坏特征与物理力学参数（如强度参数、变形模量）的变异规律及空间分布模式。

（2）建立考虑干湿循环弱化效应的时变亚塑性本构模型，量化土体强度 - 变形参数的时效退化特性。

（3）基于地下水位与地表位移监测数据，实现滑坡参数随机场的贝叶斯反演。

3. 水力耦合模拟与稳定性评价

应用岩土参数时空变异模型，开展塘角滑坡多系统在库水位变动等复杂工况下的流固耦合数值模拟，阐明参数时空变异性对滑坡稳定性系数演化及变形破坏模式的控制作用。

本书建立的系统性方法为库岸堆积层滑坡的演化机制解析、地质模型精细化构建及动态稳定性评价提供了理论依据与技术支撑，对库区滑坡风险防控具有重要参考价值。

因作者学识有限，加之时间仓促，书中难免有所不足，敬请各位读者批评指正。

薛　阳

2025 年 2 月

目　录

第一章　绪　论

第一节　不确定性分析与表征

一、不确定性因素

在实际工程中存在着各种不确定性因素。这些因素可以归纳为随机性、模糊性与灰色性。随机性是指因事件发生的条件不充分，使条件与事件之间不能呈现必然的因果关系；模糊性是指客观事物表征中所体现的不明确性；灰色性则受知识掌握的完善程度影响。

在长期的地质体沉积和堆积过程中，受不同的内外动力作用和地球化学环境影响，岩土体的矿物组成、应力历史和风化程度等均存在空间差异，从而使地质体的岩土体结构和物理力学属性存在着空间变异性。另外，由于人类勘测、试验手段的不足以及认知的局限性，所获取的地质结构、物理力学模型和岩土体参数等与真实情况存在较大误差。因此，主要有三大不确定性：地质不确定性、模型不确定性和参数不确定性。

（一）地质不确定性

人类所探测到的岩土体结构、岩层层位、地质边界等地质信息与真实情况有所偏离，导致所建立的地质模型存在着不确定性。例如，由于勘探手段和经费的限制，对地质体进行钻探的点位不可能遍布所有位置。因此利用有限的钻孔岩层信息所建立的区域地层结构模型是不唯一的。

（二）模型不确定性

为了描述某种物理力学现象，人类利用已有的认知技术来建立某种数学力学模型，这种模型存在多种类型。例如，描述土体渗透能力的土水特征曲线模型有VG模型和XE模型等，采用不同模型来表征土体的渗透特性会导致渗透结果存在差异。

（三）参数不确定性

作为岩土体的物理力学参数，可以通过室内试验、原位测试等手段来获取，如黏聚力、内摩擦角、渗透系数、抗剪强度、弹性模量等。由于试验手段和人员操作过程出现的误差，使得岩土体参数和真实情况存在偏离。另外，数学力学模型参数在通过试验数据进行评估的过程中也存在不确定性，如本构模型参数、土水特征曲线模型参数等。

在存在上述不确定性的情况下，边坡或滑坡的稳定性分析和防治设计需要考虑岩土体的不确定性。整个研究区域不应只采用一组确定的岩土体属性或模型参数，而应采用考虑空间变异性以及参数随机性的多组随机变量，从而对边坡或滑坡的变形稳定性状况有更准确和宏观的把控。

在边坡的可靠度研究方面，大量学者对变量的随机性进行研究并取得了显著进展，部分学者还考虑了变量的模糊性。边坡内部的物质成分、结构构造、强度特征、物理力学状态以及环境荷载条件在不同的方向上都有变化，这是引起岩土体参数不确定性和随机性的客观原因。此外，难以对边坡岩土体及其环境特征进行全面的勘察，并对岩土体参数做出正确的判断，是造成岩土体参数具有不确定性和随机性的主观原因。大多数主客观原因都是难以避免的，因此必须把岩土体参数的试验数据作为随机变量来处理，这就需要引入概率理论、数理统计方法和误差理论。

二、参数变异性表征

在参数变异性分析方面，变异性研究可大致分为岩土体参数和模型参数两类，岩土体参数变异性包括随机性和内在空间变异性。参数均值、标准差、概率分布类型和参数间相关性等统计特征值的获取是研究岩土体参数随机性的关键。其中随机变量模型可以采用超拉丁立方抽样、蒙特卡罗、Copula 联合函数等方法来形成。而内在空间变异性是地质沉积条件、应力历史和风化等方面的差异导致的，有学者采用随机场理论和地质统计学方法研究了土体参数的空间变异特征。

随机场理论和地质统计学中的相关方法常用来描述岩土体参数的空间变异性。该理论需要较多统计参数，其中方差、均值和波动范围与岩土体的沉积环境有关，需要对参数数据进行统计求得。为了能在实体地质模型中体现随机场，就必须将随机场离散化，离散方法有中点法、局部平均法和 Karhunen−Loève（K−L）级数展开等。区域化变量理论也是描述岩土体参数空间变异性的一种方法。该理论是以区域化变量、随机函数和平稳性假设等概念为基础，以半方差函数为主要工具，以克里格插值法为手段，研究在空间分布上既有随机性又有结构性的自然现象。

吴振君等[1]把随机场理论和地质统计中的区域化变量理论结合起来，建立了约束随机场。Lloret-Cabot 等[2, 3]利用克里格插值技术基于 CPT 试验数据产生约束随机场。张社荣等[4]基于贝叶斯方法融合地质勘查获得的新增地质信息和试验数据建立了大坝的约束随机场。蒋水华等[5]基于两个钻孔的不排水抗剪强度现场试验数据，建立了约束随机场模型，并探讨了钻孔布置方案对边坡可靠度的影响规律。祁小辉等[6]基于耦合马尔可夫链模型考虑了岩土材料的地层变异性，探讨了钻孔布置、数量对边坡稳定性的影响。蒋水华等[7]提出了利用多源的试验数据来概率反演空间变异参数统计特征和更新边坡可靠度水平的方法。

为了充分利用现场试验数据和监测信息来限定岩土体参数在空间特定位置上的分布，有学者利用有限的钻孔数据，结合相关理论（贝叶斯理论、马尔可夫链）对完全随机场进行约束，或者利用后验监测数据对岩土体参数进行评估修正。贝叶斯方法常被应用于岩土工程的不确定性建模中，该方法对参数的先验信息准确度要求较低，能够利用多源信息数据将岩土体参数变量的先验信息更新为后验信息分布。例如，对于滑坡，其稳定性信息、试验数据和多场监测数据等可以用来反演更新滑坡参数的变异统计值，进而精准地评估滑坡岩土体参数的空间变异特征。

第二节 滑坡稳定性概率评价

一、常规滑坡稳定性评价

极限平衡法和有限元强度折减法是边坡稳定性计算的常规方法，这两种评价方法中较少考虑时间的影响，得到滑坡发展到某一状态的稳定性。极限平衡法需对条间力和滑移面进行假设，一般不涉及岩土本构关系、坡体变形协调关系及边坡应力 – 应变发展过程。一些学者对滑坡的稳定性计算过程做了改进，李伟等[8]将平推式滑坡中承压水渗流形式划分为辐射流运动和非辐射流运动；根据不同的渗流形式，建立了不同的滑坡地质力学模型，并对平推式滑坡的稳定性计算公式进行了修正。谭福林等[9]根据变形破坏模式，把牵引式滑坡分为牵引区和被牵引区，针对被牵引区滑坡体对牵引区滑坡体是否存在剩余推力，建立合理的物理和数学力学计算模型，推导牵引式滑坡推力计算公式，为抗滑桩设计提供合理的设计推力。

有限元强度折减法可以更好地适用于复杂的地质条件，并且考虑了土体的本构关系，不用事先设定潜在滑动面，其计算结果相对贴近真实情况。通过强度材料参数的不断折减，坡体在内外力作用下不断变形发展。失稳表现为数值计算结果不收敛、塑性区的贯通及多点位移发生突变，这三类失稳判据本质上是一致的，但人为误判和数值计算误差是导致各判据判定结果差异的主要原因。一些学者提出了新的思路，郑颖人[10]提出了剪切应变增量判据，刘新荣等[11]通过有限元提取应力得出了动能、弹性应变能、重力势能与耗散能四种能量判据。涂义亮等[12]对传统的三种判据和能量判据进行了对比，认为动能突变判据与数值计算收敛性判据、重力势能降突变判据与特征点垂直位移突变判据、耗散能增量突变判据与塑性区贯通判据分别存在对应关系；另外三类判据的判定结果不一致主要是由收敛标准和网格精度等人为因素造成的。

基于监测数据的时序统计预测法也是滑坡稳定性评估或预测的一种重要方法。技术人员结合数学、力学知识和非线性理论，通过建立位移－时间预报模型，并与相应的判据结合进行滑坡的稳定性预测。因地表位移是坡体内外信息的综合反映，且相对容易获取，其中，监测数据主要为坡表位移与时间的序列。目前，预报模型可分为确定性预报模型、统计预报模型和非线性预报模型。确定性模型是利用数学、物理方法，进行精确分析，从而得到明确的预报判断，以反映滑坡的物理实质。以斋藤法为代表的研究者，以蠕变理论为指导，对位移时间曲线进行处理，得出具体的临滑时间。统计预报模型主要是运用现代数理统计学的各种统计方法和理论模型，如用具体的函数表达式（如二次多项式、三次多项式、指数函数等）对已有监测数据进行拟合和外推，其中，以灰色灾变模型和灰色 Verhulst 模型为代表。非线性预报模型使用机器学习方法，通过各种具有自适应、自学习与自组织能力的智能算法（如神经网络、支持向量回归机、极限学习机等），科研人员发现和挖掘各监测数据之间潜在的规律，建立由多种数据共同驱动的滑坡预测预报模型。这种模型必须与匹配的判据相结合才能进行滑坡稳定性预测。目前位移判据有单参数判据和双参数判据：单参数判据包括位移速率、位移加速度、蠕变切线角、位移矢量角、分形维数值；双参数判据有蠕变曲线切线角和位移矢量角及位移速率和位移矢量角。

二、考虑不确定性的滑坡稳定性评价

边坡或者滑坡的稳定性评价需要考虑地质模型的精确建立。然而滑坡是一个复杂的非线性系统，其地质模型、岩土体参数及影响因素等具有不确定性和模糊性。一些学者采用随机场理论、地质统计学理论、可靠度理论及非线性理论来考虑地质模型和岩土体参数的不确定性，进而开展边坡或者滑坡的稳定性评价。

可靠度理论将岩土体参数的不确定性纳入考虑，通过建立结构失效功能函数，求得响应变量的随机分布函数，并基于概率知识求得结构的破坏概率或者可靠度指标。按计算可靠度指标时展开形式的不同，可分为一次二阶矩法、二次二阶矩法、四阶矩法等高次高阶矩法。其中，一次二阶矩法因其概念简单、应用方便而占主流地位。但一次二阶矩法对于功能函数非线性程度较高时将产生较大误差；二次二阶矩法以上的高次高阶矩法，计算精度较高，但较难处理一些复杂、不易求导的功能函数。另一种应用较多的方法为蒙特卡罗法，该方法是先产生符合随机变量概率分布规律的一组随机数，再将其代入极限状态函数中作为输入样本，分别得出极限状态函数的随机数。但其需要大量的随机样本才能得到相对精确的结果，工作量巨大。为了解决蒙特卡罗模拟速度慢的缺点，一些学者采用直接抽样法、超拉丁立方抽样法、重要抽样法、全周期抽样法、复合抽样法等优化了蒙特卡罗法的抽样过程。在边坡的可靠度分析中，蒙特卡罗法多与边坡在不同工况或荷载组合下（降水、地震、库水与堆载等因素下）建立的极限状态方程或有限元模型结合使用。

滑坡是一个复杂的非线性系统，其极限状态方程难以用解析式来表达，且有限元单次分析求解工作量巨大。为此，一些学者提出了响应面法来拟合功能函数。其基本思想是假设一个包含未知参量的功能函数来代替实际不能明确表达的功能函数。响应面法的关键是响应面函数形式的选择及样本点的确定方法，它们分别决定了响应面法的计算精度及效率。因此，对基本响应面法的改进也是针对这两方面进行的。取样点研究主要有中心复合式法、改进取样点的向量梯度投影法、向量投影响应面法与有限元强度折减法相结合、基于线性无关原则选取配点的随机响应面法等。除了选用传统的二次多项式函数作为响应面函数形式外，也有研究人员提出了需要考虑交叉项的自适应响应面法、高阶 Hermite 随机多项式。近年来，多位学者通过智能算法来计算响应面模型，如支持向量机、径向基函数神经网络、人工神经网络、神经网络、人工蜂群演算法优化的支持向量机、Kriging 响应面、多重响应面法等。在可靠度分析方法中，响应面法在边坡可靠度方面得到了长足的发展和广泛的应用。从本质上说，响应面法是利用一种高效的代理模型去逼近真实模型（如极限平衡法和有限元法），在此基础上利用已建立的显式功能函数进行边坡可靠度分析。

在边坡地质模型的建立过程中，大部分学者考虑到了岩土体参数的随机性。通过采用随机变量分析方法，整个研究区域被赋予一个由岩土体参数概率分布确定的随机参数值，无法考虑空间不同点变异性。然而由于土体的沉积过程中存在着不确定的环境扰动，使岩土体参数在空间上存在一定的变化，需要考虑参数空间范围内的结构性与变异性。目前考虑空间变异性的随机场模型理论主要有随机场理论和区域化变量理论。

为了提高随机场的生成精度以及可靠度分析效率，学者们在变量概率分布、随机场离散方法、可靠度分析方法等方面做了大量研究。李典庆等[13]提出了边坡协同式可靠度分析方法，可以同时利用极限平衡法和有限元法的优势，实现高效、准确的边坡可靠度分析。陈朝晖等[14]采用广义变分原理的有限元极限分析法，建立了考虑抗剪强度参数空间变异性的边坡稳定性上下限分析方法。郭重阳等[15]基于直接蒙特卡罗模拟和概率密度加权分析方法提出了一种高效边坡可靠度敏感性分析方法。陈旺旺等[16]提出了基于最大熵原理的抗剪强度参数概率分布估计方法，边坡失效概率的精度和稳健性都得到了提高。曾鹏等[17]提出的拟牛顿近似二阶算法具有更高的效率和准确性。杨智勇等[18]提出基于广义子集模拟样本加权法的边坡多失效模式可靠度分析方法，能够显著地提高低概率水平失效模式的可靠度计算效率。

第三节　库岸堆积层滑坡岩土体的时空变异性

由于沉积条件、应力历史、物理和化学风化等方面的差异，使岩土体的矿物构成、结构以及物理力学性质等存在着空间变异性。即便是在同一个地区，甚至同一岩体内，地质特征也会表现出时空变异性。滑坡岩土体的时空变异性包含空间分布和时间变化两个方面。空间上，岩土体由于堆积成因的不同表现为岩性、颗粒级配、孔隙比与含水量等性质的差异；时间上，多由于滑坡变形演化和外界因素影响表现为土体性质的时间变化。对于库岸堆积层滑坡，可以认为库水周期性波动是影响滑坡岩土体时空变异的主要外部因素，而内部地质沉积作用和滑坡演化变形是影响滑坡岩土体时空变异的主要内部因素。滑坡岩土体的时空变异性研究主要包括岩土体结构和强度变形参数两个方面，下面将从这两个方面对岩土体的时空变异研究现状进行分析。

一、岩土体结构的变异性

典型的堆积层滑坡在宏观上多为二元结构，主要由不同堆积成因的坡体和基岩两部分组成。其中滑坡体多由不同粒径的块石、砾石与土混合组成。刘雪梅[19]通过分析三峡库区河谷演化特征、地貌和滑坡演化的基本规律，认为河流阶地与滑坡的形成具有明显的时空关系。以塘角1号滑坡为例，滑坡体发育三级平台分别属于长江流域Ⅲ、Ⅳ、Ⅴ级阶地，滑坡体物质成分主要包括粉质黏土、砂岩碎块石和泥岩角。董辉等[20]基于地统计学理论对堆积层滑坡不同区域的粒径区间进行统计，认为粒径和渗透系数具有明显的空间变异性。成国文等[21]对近水平地层堆积层滑坡的物质来源和结构成因进行分析，得出堆积层滑坡有残坡积成因、崩积成因、冲洪积成因及滑坡堆积成因等，并以崩积为主、冲洪积为辅，其滑坡体厚度差异大，组分复杂，并认为土石混合体在成因类型上具有成层性。

库岸堆积层滑坡岩土体细微观结构的改变多是由于坡体多期次滑动与水－岩作用引起的。坡体的多期次滑动主要对滑带区域的岩土体结构有明显的影响。许强等[22]开展了三峡库区泄滩滑坡滑带土的细观结构特性研究，发现其物质成分主要为黏土含少量碎石，碎石呈次棱角－次圆状，可见定向排列特征。龙建辉等[23, 24]通过滑坡探井和探槽揭露，发现滑带土多呈饼状、片状，滑动面处多见光滑凹面。Tang 等[25]和唐辉明等[26]根据现场调查，指出黄土坡滑坡滑带土的颗粒级配在不同部位表现出各向异性，并指出滑带的空间变异性指标可以直观地显示滑带在空间分布上的不均匀性。王鲁男[27]对比分析了巴东组地层滑坡滑带土与巴东组泥岩夹层的结构性质，指出泥岩夹层的物质结构有向滑带土演化的趋势。Sandeep 和 Senetakis[28]通过扫描电镜和X射线衍射仪等设备对滑带土在不同干密度、不同垂直压力条件下的微观结构进行了研究。宋丙辉等[29]等利用计算机图像处理系统，通过图像分析取得孔隙大小、颗粒大小、形态、排列方向等定量参数，探索了微观结构参数和结构特性之间的相互关系。Moore 和 Donaldson[30]利用分形理论研究了颗粒和集合体分布的分形特征与规律，并尝试通过结构分形参数来表征滑带土的物理力学特性。张振华等[31, 32]以马家沟滑坡为对象通过扫描电镜和X射线衍射等测试方法，获得红砂岩的微细观结构和黏土矿物成分随干湿循环次数的变化规律。董金玉等[33]发现在干湿循环作用下滑带粉土土样在风干时内部会产生裂隙，且随着干湿循环次数的增加，裂隙不断扩展贯穿和增宽。熊峰等[34]采用压汞法分析了干湿循环过程中孔隙大小的分布规律，得到了不同干湿循环次数下滑带土的孔隙分布曲线。Miao 等[35, 36]探究了水渗透压下黄土坡滑坡滑带土的微观结构变化规律。江强强等[37]通过扫描电子显微镜试验和核磁共振试验，揭示了随干湿循环次数的增加，滑带土中以叠聚状、凝块状为主的团粒逐渐分散、解体，颗粒间连接由面－面接触逐渐向面－边、面－角接触演化；土体内孔隙数量增多，土壤的颗粒形态变化，粒间距离增加，微小孔隙逐渐向大孔隙演变的趋势。

二、岩土体参数的变异性

在边坡岩土体参数空间变异性研究方面，涉及的物理力学参数较多，如渗透系数、抗剪强度参数、弹性模量、相对密度等。建立的空间变异模型多为随机场模型，参数的统计特征多为试验或根据工程地质类比法由其他土性获得。但是岩土体参数的随机场模型在实际滑坡上应用较少，一方面因为实际滑坡的地质模型复杂，另一方面因为随机场模型所需要的统计参数较难获取。针对库岸滑坡饱和渗透系数的空间变异性，Zhang 等[38]基于白水河滑坡的核磁共振数据采用地统计学方法建立了饱和渗透系数的空间变异模型，Xue 等[39]采用随机场理论建立了白水河滑坡的饱和渗透系数非平稳随机场模型。康田等[40]基于勘察报告和试验数据采用地统计学理论建立了黄土坡滑坡滑带的抗剪强度参数空间变异模型。Huang 等[41]基于勘察数据和监测数据采用随机场方法和贝叶斯理论建立石榴树包滑坡的抗剪强度参数和弹性模量空间变异模型。董辉等[20]基于堆积层滑坡浅表的现场渗透实验，采用地统计学方法统计了滑坡体渗透系数的空间变异性。总体来讲，建立精确的滑坡空间变异模型需要大量空间数据，这也是较为困难的。朱雷等[42]通过室内强度试验获得不同含水率下抗剪强度参数与正应力、饱和度的关系式，并基于 FLAC 二次开发，获取了不同时步和库水位下巴迪滑坡的滑带强度参数空间分布。Liao 等[43]基于室内干湿循环试验，将滑坡体进行几何分区，间接建立了抗剪强度参数的简化变异模型。

对滑坡岩土体参数的时变特征研究主要集中在水－岩作用下岩土体力学性质变化和岩土体长期蠕变性质方面。Lai 等[44]开展了三峡库区千将坪滑坡滑带土非饱和蠕变试验研究，并提出了滑带土弱化模型。常波[45]以三峡库区临江 2 号崩滑坡体为研究对象，开展了不同围压条件下滑带土三轴固结不排水蠕变试验，建立了滑带土应力－应变－时间的函数关系。徐鹏飞[46]分析了不同含水量对岩土体黏聚力和摩擦角的影响，并对参数的时空弱化效应规律开展研究。李海洲等[47]对软岩边坡中含水砂质泥岩蠕变特性及动态稳定性进行了研究，通过单轴压缩蠕变试验，获得了不同含水状态下单轴应变－时间曲线。倪卫达[48]提出两种考虑岩土体水致劣化的库岸边坡时变稳定性算法，分别为基于可靠度理论的时变稳定性解析算法和基于动态渗流场的时变稳定性数值算法。童广勤[49]基于工程地质分析与统计学研究了水库蓄水对库岸斜坡的影响范围、方式、程度及时空分布规律等。鲁文搏等[50]研究了水位周期性涨落条件下渗流作用对滑带土强度弱化的影响规律，得到了滑带土残余强度与渗透压力－时间的拟合公式，为库水波动带滑带土强度参数取值提供了理论基础。罗晓龙[51]研究了库水位周期性涨落条件导致岸坡岩土体长期强度弱化的机理。喻章[52]以杉树槽顺层岩质滑坡为研究对象，研究了库水与降水作用下滑带土的形成演化及强度衰减规律、不同试验条件下滑带土的残余强度特性及微观机制。Miao 等[36]探究了黄土坡滑坡滑带土在干湿循环作用下抗剪强度参数的弱化规律。

参考文献

[1] 吴振君，王水林，葛修润 . 约束随机场下的边坡可靠度随机有限元分析方法 [J]. 岩土力学，2009，30(10)：3086−3092.

[2] LLORET-CABOT M, HICKS M A, VAN DEAP. Investigation of the reduction in uncertainty due to soil variability when conditioning a random field using Kriging[J]. Géotechnique Letters, 2012(2): 123−127.

[3] LLORET-CABOT M, WHEELER S J, PINEDA J A, et al. Relative performance of two unsaturated soil models using different constitutive variables[J]. Canadian Geotechnical Journal, 2014, 51(12): 1423−1437.

[4] 张社荣，王高辉，庞博慧，等 . 基于 XFEM 的强震区砼重力坝开裂与配筋抗震措施研究 [J]. 振动与冲击，2013，32(6)：137−142.

[5] 蒋水华，曾绍慧，杨建华，等 . 不排水抗剪强度非平稳随机场模拟及边坡可靠度分析 [J]. 岩土力学，2018，39(3)：1071−1081.

[6] 祁小辉，李典庆，曹子君，等 . 考虑地层变异的边坡稳定不确定性分析 [J]. 岩土力学，2017，38(5)：1385−1396.

[7] 蒋水华，魏博文，张文举，等 . 基于多源试验数据空间变异土体参数概率反演及边坡可靠度更新 [J]. 岩土力学，2018，39(4)：1491−1499.

[8] 李伟，许强，吴礼舟，等 . 平推式滑坡中底滑面承压水渗流形式对其稳定性的影响 [J]. 岩土力学，2018，39(4)：254−263.

[9] 谭福林，胡新丽，张玉明，等 . 牵引式滑坡推力计算方法研究 [J]. 岩土力学，2015(S2)：532−538.

[10] 郑颖人 . 岩土数值极限分析方法的发展与应用 [J]. 岩石力学与工程学报，2012，31(7)：1297−1316.

[11] 刘新荣，涂义亮，王林枫，等 . 土石混合体的剪切面分形特征及强度产生机制 [J]. 岩石力学与工程学报，2017，36(9)：2260−2274.

[12] 涂义亮，刘新荣，钟祖良，等 . 三类边坡失稳判据的统一性 [J]. 岩土力学，2018，39(1)：180−187+197.

[13] 李典庆，肖特，曹子君，等 . 基于高效随机有限元法的边坡风险评估 [J]. 岩土力学，2016，37(7)：1994−2003.

[14] 陈朝晖，雷坚，黄景华，等 . 考虑参数空间变异性的边坡稳定可靠性有限元极限分析 [J]. 岩土工

程学报，2018，40(6)：985–993.
[15] 郭重阳，李典庆，曹子君，等．考虑空间变异性条件下的边坡稳定可靠度高效敏感性分析 [J]. 岩土力学，2018，39(6)：2203–2210.
[16] 陈旺旺，李典庆，唐小松，等．抗剪强度参数概率分布的最大熵估计及边坡可靠度分析 [J]. 岩土力学，2018，39(4)：1469–1478.
[17] 曾鹏，陈语，李天斌．基于拟牛顿近似二阶法的岩土工程系统可靠性分析 [J]. 岩石力学与工程学报，2018，37(3)：726–733.
[18] 杨智勇，李典庆，曹子君，等．基于广义子集模拟的土坡系统可靠度分析 [J]. 岩土力学，2018，39(3)：957–966，984.
[19] 刘雪梅．三峡库区万州区地貌特征及滑坡演化过程研究 [D]. 武汉：中国地质大学，2010.
[20] 董辉，黄润秋，罗潇，等．堆积碎石土斜坡浅表入渗的空间分布与变异性研究 [J]. 岩土工程学报，2017，39(8)：1501–1509.
[21] 成国文，李善涛，李晓，等．万州近水平地层区堆积层滑坡成因与变形破坏特征 [J]. 工程地质学报，2008(3)：304–310.
[22] 许强，黄润秋，程谦恭，等．三峡库区泄滩滑坡滑带土特征研究 [J]. 工程地质学报，2003(4)：354–359.
[23] 龙建辉，李同录，雷晓锋，等．黄土滑坡滑带土的物理特性研究 [J]. 岩土工程学报，2007，29(2)：289–293.
[24] 龙建辉，郭文斌，李萍，等．黄土滑坡滑带土的蠕变特性 [J]. 岩土工程学报，2010，32(7)：1023–1028.
[25] TANG H, LI C, HU X, et al. Evolution characteristics of the Huangtupo landslide based on in situ tunneling and monitoring[J]. Landslides, 2015, 12(3): 511–521.
[26] 唐辉明，鲁莎．三峡库区黄土坡滑坡滑带空间分布特征研究 [J]. 工程地质学报，2018，26(1)：129–136.
[27] 王鲁男．不同含水率与剪切速率下滑带土残余强度特性研究 [D]. 武汉：中国地质大学，2017.
[28] SANDEEP C S, SENETAKIS K. The Tribological Behavior of Two Potential-Landslide Saprolitic Rocks[J]. Pure and Applied Geophysics, 2018, 175(12): 4483–4499.
[29] 宋丙辉，谌文武，吴玮江，等．舟曲锁儿头滑坡滑带土微结构的分形研究 [J]. 岩土工程学报，2011，33(S1)：299–304.
[30] MOORE C A, DONALDSON C F. Quantifying soil microstructure using fractals[J]. Géotechnique, 1995, 45(1): 105–116.
[31] 张振华，黄翔，崔强．水库运行期岸坡消落带红砂岩抗拉强度劣化机制 [J]. 岩石力学与工程学报，2017，36(11)：2731–2740.
[32] 张振华，王野．水库运行期岸坡消落带红砂岩抗剪与抗压强度劣化机制 [J]. 岩土工程学报，2019，41(7)：1217–1226.
[33] 董金玉，赵志强，杨继红，等．干湿循环作用下滑带土的变形演化和强度参数弱化试验研究 [J]. 四川大学学报（工程科学版），2016，48(S2)：1–7.
[34] 熊峰，杨宏伟，吴益平，等．干湿循环作用下滑带土孔隙结构与基质吸力响应规律研究 [J]. 水利水运工程学报，2018 (3)：95–102.

[35] MIAO F S, WU Y P, XIE Y H, et al. Influence of Infiltration on Microstructure of Slip Zone Soils: a case study from the Huangtupo Landslide[J]. Journal of Mountain Science, 2019, 16(6): 1231−1243.

[36] MIAO F, WU Y, LI L, et al. Weakening laws of slip zone soils during wetting–drying cycles based on fractal theory: a case study in the Three Gorges Reservoir (China) [J]. Acta Geotechnica, 2020(15): 1909−1923.

[37] 江强强，刘路路，焦玉勇，等 . 干湿循环下滑带土强度特性与微观结构试验研究 [J]. 岩土力学，2019，40(3)：1005−1012+1022.

[38] ZHANG S, XIAHOU Y, TANG H, et al. Study on the Spatially Variable Saturated Hydraulic Conductivity and Deformation Behavior of Accumulation Reservoir Landslide Based on Surface Nuclear Magnetic Resonance Survey. New York: Wiley, 2018.

[39] XUE Y, WU Y, MIAO F, et al. Effect of spatially variable saturated hydraulic conductivity with non-stationary characteristics on the stability of reservoir landslides[J]. Stochastic Environmental Research and Risk Assessment, 2020, 34: 311−329.

[40] 康田，薛阳，欧光照，等 . 考虑滑带土抗剪强度参数空间变异性的黄土坡临江 ~ #1 滑坡稳定性分析 [J]. 水电能源科学，2020，38(11)：137−140+8.

[41] HUANG M L, SUN D A, WANG C H, et al. Reliability analysis of unsaturated soil slope stability using spatial random field-based Bayesian method[J]. Landslides, 2021(18): 1177−1189.

[42] 朱雷，黄润秋，王小群，等 . 基于滑带强度参数动态演化的滑坡稳定性研究 [J]. 岩土力学，2015(S2)：431−438.

[43] LIAO K, WU Y, MIAO F, et al. Time-varying reliability analysis of Majiagou landslide based on weakening of hydro-fluctuation belt under wetting-drying cycles[J]. Landslides, 2020(6). DOI: 10.1007/S10346−020−01496−2.

[44] LAI X, WANG S, QIN H, et al. Unsaturated creep tests and empirical models for sliding zone soils of Qianjiangping landslide in the Three Gorges[J]. Journal of Rock Mechanics and Geotechnical Engineering, 2010, 2(2): 149−154.

[45] 常波 . 水土耦合作用下的库岸滑坡时变可靠度模型研究 [D]. 武汉：中国地质大学，2011.

[46] 徐鹏飞 . 堆积层滑坡变形强度参数弱化效应及其稳定性演化作用规律研究 [D]. 青岛：青岛理工大学，2012.

[47] 李海洲，杨天鸿，夏冬，等 . 基于软岩流变特性的边坡动态稳定性分析 [J]. 东北大学学报（自然科学版），2013，34(2)：293−296.

[48] 倪卫达 . 基于岩土体动态劣化的边坡时变稳定性研究 [D]. 武汉：中国地质大学，2014.

[49] 童广勤 . 三峡水库库首段斜坡变形时变特征研究 [D]. 武汉：中国地质大学，2015.

[50] 鲁文搏，吴益平，廖建民，等 . 渗透作用下滑带土强度弱化规律研究 [J]. 武汉理工大学学报：交通科学与工程版，2016(40)：350.

[51] 罗晓龙 . 三峡库区巫山段岸坡变形破坏机理研究 [D]. 重庆：重庆交通大学，2018.

[52] 喻章 . 杉树槽滑坡滑带土强度衰减特性及失稳机理研究 [D]. 武汉：中国地质大学，2018.

第二章 滑坡岩土体参数变异性量化

第一节 岩土体参数空间变异性建模

一、二维随机场理论

土体属性在二维土层剖面中的空间分布变化可以描述为随深度变化的趋势分量和脱离趋势变化的波动分量[1]。脱离趋势变化的波动分量被视为土性内在的空间变异性，波动分量服从均值为 0 和某一标准差的概率分布随机项。并且在竖直和水平方向上该随机项具有范围相关性，该范围称为波动范围，表示土体属性的相关距离。为了描述以上土性的空间变化特征，随机场理论被提出和不断发展[2-4]，主要包括非平稳随机场和平稳随机场，其中平稳随机场可以描述脱离趋势之后波动分量的自相关性和随机波动性。

空间上任意两点土体属性的自相关性可以用自相关函数 $\rho(\tau_x,\ \tau_y)$ 表征。常见的自相关函数有指数型、高斯型、三角型和指数余弦型等类型，具体表达式见表 2–1。可以看出自相关系数的计算与两点的绝对距离（τ_x，τ_y）以及土体的波动范围（l_x，l_y）相关。目前指数型和高斯型相关函数较为常用，指数型函数具有易于数值实施的特点，其波动范围等于 2 倍的相关距离；高斯型函数具有光滑的三维空间表面，其波动范围等于 $\sqrt{\pi}$ 倍的相关距离。

表 2–1 几种自相关函数的表达式

自相关函数	公式	波动范围 / 自相关距离
指数型	$\rho(\tau_x,\ \tau_y)=\exp[-2(\tau_x/l_x+\tau_y/l_y)]$	2
高斯型	$\rho(\tau_x,\ \tau_y)=\exp[-\pi((\tau_x/l_x)^2+(\tau_y/l_y)^2)]$	$\sqrt{\pi}$
三角型	$\rho(\tau_x,\ \tau_y)=(1-\tau_x/l_x)(1-\tau_y/l_y)\ \tau_x/l_x\leqslant 1$ 且 $\tau_y/l_y\leqslant 1$	1
指数余弦型	$\rho(\tau_x,\ \tau_y)=\exp[-(\tau_x/l_x+\tau_y/l_y)]\cos(\tau_x/l_x)\cos(\tau_y/l_y)$	1

为了描述土体属性的随机波动性，需要分析土体属性的空间趋势以及进行去趋势处理[1]，然后统计土体参数的均值、标准差和概率分布类型等。当涉及两个或两个以上属性参数的空间变异性表征时，还需要知道参数间的互相关性。土体参数的均值、标准差、概

率分布类型和互相关性可采用传统的概率统计方法进行统计。其中参数互相关性默认的一种相关结构是 Gaussian 相关性，而若要考虑参数间的其他相关性结构，可采用 Copula 方法进行描述[5-7]。该方法可以通过 Copula 函数将多个变量边缘分布生成一个联合分布函数。描述参数间相关结构的 Copula 函数有 Gaussian、Plackett、Frank、No.16 等。最优的 Copula 函数可以通过赤池信息量准则和贝叶斯信息准则来确定。

波动范围或相关距离是建立随机场模型所需要的重要参数。较小的波动范围表明土体属性在较小的空间区域内波动变化。而较大的波动范围表明土体属性变化不明显，当波动范围无限大时，土性相当于均质土体。评估土体属性波动范围的常用方法是自相关函数法和半变异函数法。两种评估方法的基本思路是采用已知的数学模型来拟合基于实验样本获得的经验数据点，进而获取数学模型参数的评估值，最终通过某个参数来推断波动范围。自相关函数法常采用的数学模型包括指数型、高斯型、二阶自回归型和指数余弦型。半变异函数法采用的数学模型包括 Nugget effect 模型、Spherical 模型、Exponential 模型、Gaussian 模型和 Hole effect 模型[8]。

（一）Copula 方法

Copula 函数是多变量分布函数，它将多变量分布与其一维边缘分布联系起来。根据 Sklar 理论，一个二元分布函数 $F(c, \varphi)$ 可以用一个 Copula 函数 $C(u_1, u_2; \sigma)$ 表达为

$$F(c, \varphi) = C[F_1(c), F_1(\varphi); \sigma] = C(u_1, u_2; \sigma) \tag{2-1}$$

式中：σ 是描述 c 和 φ 相关性的 Copula 参数，可以由肯德尔秩相关系数 τ 计算得到。τ 的计算公式为

$$\tau = 4\int_0^1 \int_0^1 C(u_1, u_2; \sigma)\, \mathrm{d}C(u_1, u_2; \sigma) - 1 \tag{2-2}$$

式中：$u_1 = F_1(c)$ 和 $u_2 = F_2(\varphi)$ 是边缘分布。

基于式（2-1），c 和 φ 的联合概率密度函数 $f(c, \varphi)$ 可以表达为

$$f(c, \varphi) = D(u_1, u_2; \sigma) f_1(c) f_2(\varphi) \tag{2-3}$$

式中：$D(u_1, u_2; \sigma) = \partial^2 C(u_1, u_2; \sigma)/\partial u_1 \partial u_2$ 是一个 Copula 密度函数；$f_1(c)$ 和 $f_2(\varphi)$ 分别为 c 和 φ 的边缘密度函数。最佳拟合 Copula 函数可以通过 Akaike 信息（AIC）准则和贝叶斯信息（BIC）准则来确定。AIC 值和 BIC 值最小的 Copula 函数即为最佳拟合 Copula 函数。

（二）半变异函数法

本书以半变异函数法[8, 9]为例介绍波动范围的评估流程。基于实验样本的经验数据点可以通过试验变异函数 $\gamma^*(h)$ 计算获得，计算公式如下：

$$\gamma^*(h) = \frac{1}{2N(h)} \sum_{i=1}^{N(h)} [Z(x_i) - Z(x_i + h)]^2 \tag{2-4}$$

式中：h 为采样间距；$N(h)$ 为采样间距等于 h 时的样本对数；$Z(x_i)$ 与 $Z(x_i+h)$ 分别为采样位置为 x_i 和 x_i+h 时的样本。

根据式（2-4）计算不同采样间距 h 对应的试验变异函数 $\gamma^*(h)$。分别建立 h 和 $\gamma^*(h)$ 的直角坐标系，获得试验变异函数云图。然后用理论变异函数模型对上述云图进行拟合，进而获取模型参数。Spherical 模型是理论变异函数模型中较为常用的一种模型，也称为球状模型，其公式如下：

$$\gamma(h)=\begin{cases} C_0 & h=0 \\ C_0+C\left(\dfrac{3h}{2a}-\dfrac{h^3}{2a^3}\right) & 0<h\leqslant a \\ C_0+C & h>a \end{cases} \tag{2-5}$$

式中：C_0 为块金常数；C 为拱高；C_0+C 为基台值；a 为变程，也代表随机场中的相关距离。

试验变异函数 $\gamma^*(h)$ 的合理计算对数据量和试验土样的采样间距有较高要求。DeGroot 和 Baecher[10] 强调了采样间距的重要性。El-Ramly[11] 认为较少的试验样本和较宽的采样间距会使得波动范围的评估不可信。然而由于技术手段和经费限制，对某一区域的岩土体（如边坡或滑坡）进行详细的空间取样和实验分析是不现实的。El-Ramly[11] 认为波动范围的获取需要利用已发表的相关统计数据进行经验把控，以及对目标工程的现有数据进行合理的统计分析，综合确定参数取值。Li 等[12] 和蒋水华[13] 统计了多种类型土体抗剪强度参数的波动范围。其中黏土的水平波动范围为 10 ~ 92.4m，垂直波动范围为 0.1 ~ 8m。砂土和粉土的水平波动范围为 12.7 ~ 75m，垂直波动范围为 0.14 ~ 3m。

二、平稳随机场模型建立

空间变化的土体属性可以由一个趋势分量和一个随机波动分量组成。如果趋势分量随着空间位置而显著改变，则随机场模型的建立需要考虑这种趋势变化。建立的随机场模型为非平稳随机场，反之则为平稳随机场[14]。服从某种目标分布的平稳随机场模型通常可以由高斯随机场模型采用等价概率转换原则来获得。其中高斯随机场模型的建立需要知道自相关函数、服从高斯分布变量的均值和标准差。

当没有充分的数据结果可以表明岩土体参数具有沿着某一方向的趋势规律时，可以不考虑趋势分量的空间变化。即趋势分量为一定值，所建立的随机场模型为平稳随机场模型。而非平稳随机场模型可以在平稳随机场模型的基础上通过修改均值和标准差来生成，下面主要研究平稳随机场模型的建立过程。为了避免产生极端参数，采用对数正态分布类型来模拟随机场。本书以抗剪强度参数 φ 和 c 为例，目标随机场模型为 $\widetilde{H}_{c,\varphi}(x)$。其模拟所需的均值 $u_{\ln c,\ln\varphi}$ 和标准差 $\sigma_{\ln c,\ln\varphi}$ 可以由抗剪强度参数的均值 $u_{c,\varphi}$ 和标准差 $\sigma_{c,\varphi}$ 计算得到：

$$u_{\ln c,\ln\varphi}=\ln u_{c,\varphi}-\frac{\sigma_{c,\varphi}^{2}}{2} \tag{2-6}$$

$$\sigma_{\ln c,\ln\varphi}=\sqrt{\ln\left(1+\left(\frac{\sigma_{c,\varphi}}{u_{c,\varphi}}\right)^{2}\right)} \tag{2-7}$$

随机场是由一系列与空间位置相关的随机变量组成。为了将随机变量与空间位置关联，需要将随机变量进行二维空间离散化。K-L 级数展开法和单元中心点法是较为常用的两种方法 [15-17]。K-L 级数展开法建立的随机场具有较好的连续性，且随机场的建立不依赖于地质模型，但对于较大尺度地质模型和较小相关距离的情况下，其计算效率较低。单元中心点法依赖于地质模型网格单元，具有计算过程简单和计算效率高等特点。下面分别介绍这两种方法来建立 φ 和 c 的对数正态分布随机场 $\widetilde{H}_{c,\varphi}(x)$。

（一）K-L 级数展开

高斯随机场 $H_{c,\varphi}(x)$ 的构建需要分别建立 c 和 φ 的随机场模型，以 c 的高斯随机场 $H_c(x)$ 为例，其截尾 K-L 展开项的表达如下：

$$H_c(x)=\mu_c+\sigma_c\sum_{i=1}^{M}\sqrt{\lambda_i}\,\xi_i\varpi_i(x) \tag{2-8}$$

式中：$\{\xi_i,\ i=1,\ \cdots,\ M\}$ 为独立标准正态随机变量；λ_i 和 $\varpi_i(x)$ 分别为自相关函数的特征值和特征函数，可以通过求解第二类 Fredholm 积分方程获得。

基于滑坡几何尺寸定义的空间区域 Q，Fredholm 积分方程可以表达为

$$\int_{\Omega}\int_{Q}\rho(\tau_{x_{12}},\ \tau_{y_{12}})\,\varpi_i(x_2,\ y_2)\,\mathrm{d}x_2\,\mathrm{d}y_2=\lambda_i\varpi_i(x_1,\ y_1) \tag{2-9}$$

式中：(x_1, y_1) 和 (x_2, y_2) 是空间中任意两个点的位置坐标；$\rho(\tau_{x_{12}}, \tau_{y_{12}})$ 为这两点的自相关系数。

任意两点的自相关系数可采用多种自相关函数模型来计算，比如高斯型自相关函数和指数自相关函数。以指数自相关函数模型为例来计算任意两个位置点的相关性 $\rho(\tau_{x_{12}},\ \tau_{y_{12}})$，公式如下：

$$\rho(\tau_{x_{12}},\ \tau_{y_{12}})=\exp\left(-\left(\frac{|x_1-x_2|}{l_x}+\frac{|y_1-y_2|}{l_y}\right)\right) \tag{2-10}$$

式中：l_x 和 l_y 分别为土体的水平和垂直波动范围；$\tau_{x_{12}}=|x_1-x_2|$ 为水平方向上的绝对距离；$\tau_{y_{12}}=|y_1-y_2|$ 为垂直方向上的绝对距离。

截尾 K-L 展开的项数 M 取决于期望精度 δ_e、波动范围和空间尺寸等。M 可以通过“Energy”比与给定精度 δ_e 来确定：

$$\sum_{i=1}^{M}\lambda_i\Big/\sum_{i=1}^{\infty}\lambda_i\geqslant\delta_e \tag{2-11}$$

当 δ_e 越接近 1 时，截尾展开项的精度越高，计算量也会越大，一般取值大于 0.95 即可。当得到高斯随机场 $H_c(x)$ 之后，对数正态分布随机场 $H_c(x)$ 可以通过下式来获得：

$$\widetilde{H}_c(x) = \exp[H(x)] \tag{2-12}$$

同理变量 φ 的对数正态分布高斯随机场 $\widetilde{H}_\varphi(x)$ 也可以通过上述步骤计算得到。在此基础上通过考虑 φ 和 c 的互相关系数 $\rho_{c,\varphi}$，最终的目标随机场 $\widetilde{H}_{c,\varphi}(x)$ 为

$$\widetilde{H}_{c,\varphi}(x) - \left[\widetilde{H}_c(x),\ \widetilde{H}_c(x)\rho_{c,\varphi} + \widetilde{H}_\varphi(x)\sqrt{1-\rho_{c,\varphi}^2}\,\right] \tag{2-13}$$

基于 K–L 级数展开法的随机场建立流程如下：

1）确定参数均值、标准差、波动范围、期望精度 δ_e、自相关函数模型和滑坡几何尺寸；

2）基于式（2–10）采用自相关函数模型来表征任意两点的相关系数，确定第二类 Fredholm 积分方程；

3）求解第二类 Fredholm 积分方程，并基于式（2–11）确定截断项数 M，最终获得自相关函数的特征值和特征函数；

4）采用超拉丁立方抽样算法获得独立标准正态随机变量 $\{\xi_i,\ i=1,\ \cdots,\ M\}$；

5）基于式（2–8）生成单变量高斯随机场，再通过式（2–12）转换成对数正态分布随机场；

6）重复以上步骤获得另一个对数正态分布随机场，最终基于式（2–13）考虑参数互相关性，生成目标随机场。

（二）中心点法

基于乔列斯基分解的中心点法，c 和 φ 的对数正态分布随机场 $\widetilde{H}_{c,\varphi}(x)$ 计算公式如下：

$$\widetilde{H}_{c,\varphi}(x) = \exp\left(u_{\ln c,\ln\varphi} + \sigma_{\ln c,\ln\varphi}\Gamma(\xi)\right) \tag{2-14}$$

式中：$\xi = (\xi_1,\ \xi_2,\ \cdots,\ \xi_n)^{\mathrm{T}}$ 为 $2\times n$ 维的独立标准正态随机变量，2 为模拟参数的数目，n 为随机变量的个数，等于网格单元个数；$\Gamma(\xi)$ 为均值是 0 和单位方差的正态分布随机场，其计算公式如下：

$$\Gamma(\xi) = L_1\xi L_2^{\mathrm{T}} \tag{2-15}$$

式中：L_1 和 L_2 是采用乔列斯基算法分解相关系数矩阵得到的下三角矩阵；L_1 是由自相关系数矩阵 Σ_z 分解得到的。Σ_z 是由任意两个单元中心点处的相关系数组成的矩阵，其可以表达为

$$\Sigma_z = \begin{bmatrix} 1 & \rho(x_{12},\ y_{12}) & \cdots & \rho(x_{1n},\ y_{1n}) \\ \rho(x_{21},\ y_{21}) & 1 & \cdots & \rho(x_{2n},\ y_{2n}) \\ \vdots & \vdots & \vdots & \vdots \\ \rho(x_{n1},\ y_{n1}) & \rho(x_{n2},\ y_{n2}) & \cdots & 1 \end{bmatrix} \tag{2-16}$$

式中：L_2 是互相关系数矩阵 Σ_h 分解得到的；Σ_h 是由 φ 和 c 之间的互相关系数 $\rho_{c,\varphi}$ 组成，其可以表达为

$$\Sigma_h=\begin{bmatrix}1 & \rho_{c,\varphi}\\ \rho_{c,\varphi} & 1\end{bmatrix} \tag{2-17}$$

基于单元中心点法的随机场建立流程如下：

1）确定参数均值、标准差、波动范围、自相关函数模型和建立滑坡几何数值模型；

2）提取网格单元中心点坐标，确定单元网格数目 n；采用超拉丁立方抽样算法生成 $2\times n$ 维独立标准正态随机变量 $\xi=(\xi_1,\ \xi_2,\ \cdots,\ \xi_n)^{\mathrm{T}}$；

3）采用自相关函数模型来表征任意两单元中心点的自相关性，采用式（2-16）构成自相关系数矩阵 Σ_z；

4）基于式（2-17）构成互相关系数矩阵 Σ_h，φ 与 c 之间的互相关性可以使用 Pearson 和 Spearman 相关系数来表示；若想采用更多的相关结构来表征，如 Copula 函数结构，则可以在此部分嵌入；

5）采用乔列斯基算法对自相关系数矩阵 Σ_z 和互相关系数矩阵 Σ_h 进行分解，获得下三角矩阵 L_1 和 L_2。

基于式（2-15）将独立标准正态随机变量 $\xi=(\xi_1,\ \xi_2,\ \cdots,\ \xi_n)^{\mathrm{T}}$ 转换为相关的标准正态随机变量 $\Gamma(\xi)$；最终基于式（2-14）生成目标随机场。

三、非平稳随机场模型建立

土性参数的空间变异性由趋势分量和随机波动分量组成，一般可将随机场表示为

$$f(x,\ y)=t(x,\ y)+w(x,\ y) \tag{2-18}$$

式中：x，y 为二维空间点坐标；$f(x,\ y)$ 为土性随机场；$t(x,\ y)$ 为趋势分量函数；$w(x,\ y)$ 为随机波动分量函数；随机波动分量常模拟为均值为 0 的标准正态分布平稳随机场，趋势分量常为简单的线性函数。

渗透系数 $k(x,\ y)$ 由坡表某值 k_0 随埋深呈某一趋势变化，采用分段线性函数表征渗透系数均值随深度的变化趋势[16]，不考虑坡表渗透系数水平方向的变化趋势及竖直趋势分量 b 的不确定性，计算公式如下：

$$k(x,\ y)=k_0(x)+b(y)y \tag{2-19}$$

式中：$k_0(x)$ 为滑坡表面渗透系数；$b(y)$ 为系数 b 关于深度 y 的分段函数。

为了建立渗透系数均值和标准差随深度变化的非平稳随机场，首先基于乔列斯基分解的中心点法，将 $k(x,\ y)$ 模拟为对数正态分布随机场 $k_0(x,\ y)$，计算公式如下：

$$k_0(x, y) = \exp(u_{\ln k_0} + \sigma_{\ln k_0}\Gamma(\xi)) \tag{2-20}$$

$$u_{\ln k_0} = \ln u_{k_0} - \frac{\sigma_{k_0}^2}{2} \tag{2-21}$$

$$\sigma_{\ln k_0} = \sqrt{\ln\left(1 + \left(\frac{\sigma_{k_0}}{u_{k_0}}\right)^2\right)} \tag{2-22}$$

$$\Gamma(\xi) = L\xi \tag{2-23}$$

$$\Sigma = LL^{\mathrm{T}} \tag{2-24}$$

式中：$u_{\ln k_0}$、$\sigma_{\ln k_0}$ 分别为由坡表渗透系数均值 u_{k_0}、标准差 σ_{k_0} 对数正态转化得到的；$\Gamma(\xi)$ 为均值为 0、单位方差的正态分布随机场；$\xi = (\xi_1, \xi_2, \cdots, \xi_n)^{\mathrm{T}}$ 为 n 维标准正态随机变量；n 为所有的随机变量个数，等于单元网格总数；L 为自相关矩阵 Σ 经过乔列斯基分解得到的下三角矩阵，自相关矩阵 Σ 是由随机场不同点间的相关系数组成的，其中 $\rho(\tau_{x_{ij}}, \tau_{y_{ij}})$ 为第 i 个单元中心点处与第 j 个单元中心点处间的相关系数。因高斯型自相关函数模拟的随机场分布光滑度和连续性较好，且其对单元网格的大小和密集度要求较低，采用高斯模型计算相关系数公式如下：

$$\rho(\tau_{x_{ij}}, \tau_{y_{ij}}) = \exp\left(-\pi\left(\frac{\tau_{x_{ij}}^2}{\delta_{\mathrm{h}}^2} + \frac{\tau_{y_{ij}}^2}{\delta_{\mathrm{v}}^2}\right)\right) \quad (i, j = 1, 2, 3, \cdots, n) \tag{2-25}$$

式中：$\tau_{x_{ij}} = |x_i - x_j|$，$\tau_{y_{ij}} = |y_i - y_j|$；$\delta_{\mathrm{h}}$、$\delta_{\mathrm{v}}$ 为水平波动范围和竖直波动范围，等于相关距离的 $\sqrt{\pi}$ 倍。

在此基础上考虑渗透系数随埋深趋势变化的影响，获得 $k(x, y)$ 的二维非平稳随机场：

$$k(x, y) = k_0(x, y)\frac{u_{k_0} + b(y)y}{u_{k_0}} \tag{2-26}$$

据此，饱和渗透系数 k 由某一固定值 k_0 随埋深方向变化，可以有效地模拟参数的不确定性，得到 $k(x, y)$ 的均值和标准差如下式：

$$\begin{cases} u_{k(x, y)} = u_{k_0} + b(y)y \\ \sigma_{(x, y)} = \dfrac{u_{k_0}[u_{k_0} + b(y)y]}{\sigma_{k_0}} \end{cases} \tag{2-27}$$

由上式可知模拟得到的非平稳渗透系数随机场的均值和标准差均随着深度逐渐变化，变化趋势相同。

第二节　岩土体参数概率反演

一、贝叶斯理论

（一）结构可靠度的贝叶斯方法

贝叶斯方法能够利用后验多源信息，将参数变量的先验信息更新为后验分布信息[18-25]。其中多源信息根据参数的内在关联程度可以分为直接信息和间接信息。直接信息通常为各种试验手段直接获得的参数；间接信息通常为相关模型的输出信息，相关模型可以包括概念地质模型、数学模型、软件模型等；输出信息可以是滑坡的地表位移和地下水位等信息，也可以是本构模型输出的应力应变曲线等。

在给定后验信息数据库 $\boldsymbol{D}=[\boldsymbol{D}_1,\ \boldsymbol{D}_2,\ \cdots,\ \boldsymbol{D}_{l_1}]$、先验信息 $P(\boldsymbol{X},\ \zeta)$ 和信息之间误差 ζ 的基础上，其中数据库 $\boldsymbol{D}$ 包含 l_1 个数据集，每个数据集可能含有 l_2 个数据点 $\boldsymbol{D}_i=[d_1,\ d_2,\ \cdots,\ d_{l_2}]$；根据贝叶斯理论，参数变量 $\boldsymbol{X}$ 的后验概率密度函数 $P(\boldsymbol{X},\ \zeta|\boldsymbol{D}_i)$ 可以表达为

$$P(\boldsymbol{X},\ \zeta|\boldsymbol{D}_i)=\frac{P(\boldsymbol{D}_i|\boldsymbol{X},\ \zeta)\,P(\boldsymbol{X},\ \zeta)}{\iint P(\boldsymbol{D}_i|\boldsymbol{X},\ \zeta)\,P(\boldsymbol{X},\ \zeta)\,\mathrm{d}\boldsymbol{X}\mathrm{d}\zeta} \tag{2-28}$$

式中：$\boldsymbol{X}=[x_1,\ x_2,\ \cdots,\ x_{l_3}]$；$l_3$ 为需要更新的参数个数；$\iint P(\boldsymbol{D}_i|\boldsymbol{X},\ \zeta)\,P(\boldsymbol{X},\ \zeta)\,\mathrm{d}\boldsymbol{X}\mathrm{d}\zeta$ 为归一化常数；$P(\boldsymbol{D}_i|\boldsymbol{X},\ \zeta)$ 为似然函数，用来描述信息的不确定性，似然函数能够考虑后验信息 d 和预测信息 d^*；预测信息 d^* 为试验获得的直接参数，也可以为计算模型对变量 $\boldsymbol{X}$ 的预测值；误差 ζ 代表后验信息 d 和预测信息 d^* 之间的差异，其可以来源于测量设备、手段、模型计算等；变量 ζ 常被认为服从均值为 0 的正态分布。在此基础上，似然函数可以表达为

$$P(\boldsymbol{D}_i|\boldsymbol{X},\ \zeta)=\prod_{j=1}^{l_{2i}}\frac{1}{\sqrt{2\zeta^2\pi}}\mathrm{e}^{\frac{(d_j^*\ d_j)^2}{2\zeta^2}} \tag{2-29}$$

先验信息 $P(\boldsymbol{X},\ \zeta)$ 为变量 $\boldsymbol{X}$ 和误差 ζ 的初始信息，该信息通常较为模糊，无法准确知道其统计特征。因此根据最大熵原则，通常采用均匀联合分布来表征初始信息，方程如下：

$$P(\boldsymbol{X},\ \zeta)=\begin{cases}\dfrac{1}{\zeta_{\max}-\zeta_{\min}}\displaystyle\prod_{J}^{l_3}\dfrac{1}{x_{\max j}-x_{\min j}} & \boldsymbol{X}\in[\boldsymbol{X}_{\min},\ \boldsymbol{X}_{\max}]\text{及}\zeta\in[\zeta_{\min},\ \zeta_{\max}]\\ 0 & \text{其他}\end{cases} \tag{2-30}$$

式中：$\boldsymbol{X}_{\min}$ 和 $\boldsymbol{X}_{\max}$ 为 $\boldsymbol{X}$ 的最小值和最大值；$\zeta_{\min}$ 和 $\zeta_{\max}$ 为 ζ 的最小值、最大值。

由于归一化常数 $\iint P(\boldsymbol{D}_i|\boldsymbol{X},\ \zeta)\ P(\boldsymbol{X},\ \zeta)\ \mathrm{d}\boldsymbol{X}\mathrm{d}\zeta$ 的积分求解困难，因此后验概率密度函

数 $P(\boldsymbol{X},\ \zeta|\boldsymbol{D}_i)$ 的解析解难以获取。基于结构可靠度的贝叶斯更新方法可以解决该问题[19, 21, 26]，该方法定义了一个极限功能函数 $\boldsymbol{H}$；并要求均匀分布变量 $\boldsymbol{X}$ 和 ζ 转换成标准正态分布变量 U_1，…，U_{l_3}，U_ζ，最后落在函数 H 失效区域 Ω 的样本即为更新后的变量样本。函数 H 和失效区域 Ω 可以表达为

$$\boldsymbol{H}(\boldsymbol{U})=U_0-\boldsymbol{\Phi}^{-1}\{CP(\boldsymbol{D}_i|\boldsymbol{X},\ \zeta)\}\ \Omega=[H(\boldsymbol{U})\leqslant 0] \tag{2-31}$$

$$\boldsymbol{X},\ \zeta=T(U_1,\ \cdots,\ U_{l_3},\ U_\zeta) \tag{2-32}$$

式中：$\boldsymbol{U}=[U_0,\ U_1,\ \cdots,\ U_{l_3},\ U_\zeta]\in\mathbb{R}^{l_3+2}$ 为标准正态分布随机变量；U_0 通过转换标准均匀分布变量 [0，1] 得到；$\boldsymbol{\Phi}$ 为正态分布概率密度函数；T 代表转换函数，可以通过 Rosenblatt 或 Nataf 变换来实现；$\boldsymbol{C}$ 为常数，$CP(\boldsymbol{D}_i|\boldsymbol{X},\ \zeta)$ 要求小于 1。

（二）自适应条件抽样子集模拟

为了产生属于破坏区域的样本，下面采用基于自适应条件抽样的子集模拟方法[27]。定义 $Z_e=[\boldsymbol{U}\in\mathbb{R}^{l_3+2}:\ H(\boldsymbol{U})\leqslant 0]$ 为极限功能函数 H 的失效事件，假设事件 Z_e 由一系列中间事件 Z_1，Z_2，…，Z_{l_4}，组成，事件的破坏概率 $Pr(Z_e)$ 可以表示为

$$Pr(Z_e)=Pr\left(\bigcap_{i=1}^{l_4}Z_w\right)=\prod_{i=1}^{l_4}Pr(Z_i|Z_{i-1}) \tag{2-33}$$

式中：$Z_i=[H(\boldsymbol{U})\leqslant b_i]$，$b_i$ 满足 $b_1>b_2>\cdots>b_i=0$；中间事件满足 $Z_1<Z_2<\cdots<Z_{l_4}$ 关系。子集模拟的简要步骤如下。

1）产生初始样本。基于变量 $\boldsymbol{X}$ 和 ζ 的均匀联合分布产生样本 $\boldsymbol{U}^j$，$j=1，2，\cdots，J$，J 为模型计算次数；采用式（2-34）计算常数 C，其中 $\sup P_j(\boldsymbol{D}|\boldsymbol{X},\ \zeta)$ 为似然函数的上限；样本 $\boldsymbol{U}^j$ 代入功能函数 H 中计算得到 J 个系统响应值。按照升序排列，第 $(1-p_0)\cdot J$ 个响应值是 b_1，符合 $H(\boldsymbol{U})\cdots b_1$ 区域的事件概率 $Pr(Z_1)=p_0$，其中 $p_0\in[0.1, 0.3]$，通常取 $p_0=0.1$。

$$\mathrm{C}=\frac{1}{\prod_{j-1}^{l_4}\lfloor\sup P_j(\mathbf{D}|\mathbf{X},\ \zeta)\rfloor} \tag{2-34}$$

2）条件抽样。在 1）产生 $P_0\cdot J$ 样本的基础上，根据自适应条件抽样方法产生 $(1-p_0)\cdot J$ 个满足上述区域的样本；重新构成 J 个样本，再次进行升序排列，则第 $(1-p_0)\cdot J$ 个响应值是 b_2。这种情况下 $Pr(Z>Z_2|Z>Z_1)$ 的概率为 p_0，会有 $p_0\cdot j$ 个样本的系统响应值在 $H(\boldsymbol{U})\cdots b_2$ 区域内，用这 $P_0\cdot j$ 个样本作为抽样方法产生下一步 $(1-p_0)\cdot J$ 样本的“种子”。

3）不断重复步骤 2），若模拟进行到第 n_1 层后，$p_0\cdot j$ 个更新样本全部处于失效区域内，则停止后续模拟。

自适应条件抽样方法通过构建候选样本与抽取样本的联合分布函数，抽取符合破坏区域的样本[27]。该方法的优势为基于每次模拟过程中的接受率参数 p，不断地调整联合分布

函数，从而达到高效率抽样。其中，p 为马尔可夫链产生条件样本的效率，即为基于“种子”产生的条件样本符合破坏区域的概率。自适应条件抽样方法的简要步骤如下。

在第 $k+1$ 层子集模拟中，将 k 层模拟中的样本 $\{\boldsymbol{U}_{\mathrm{k}}^{(j)}: j=1, \cdots, N_{\mathrm{s}}\}$，可将 $N_{\mathrm{s}}=P_0 \cdot J$ 作为“种子”。自适应过程需要分成多步 $iter=1, 2, \cdots, N_{\mathrm{a}}$ 进行抽样，其中 N_{a} 为自适应步数，要满足 $P_{\mathrm{a}}=N_{\mathrm{a}}/N_{\mathrm{s}}$。在每一迭代 $iter$ 步中。从 $\{\boldsymbol{U}_{\mathrm{k}}^{(j)}: j=1, \cdots, N_{\mathrm{s}}\}$ 无放回地选择 N_{a} 个样本作为条件抽样的种子，因此在该层子集模拟中的条件抽样可以分为 $v_{\mathrm{k}}=(iter-1)N_{\mathrm{a}}+1, \cdots, iter \cdot N_{\mathrm{a}}$ 次进行。

第 v_{k} 次条件抽样是基于已有的种子样本均值 $\boldsymbol{\mu}$ 和互相关参数 $\boldsymbol{\rho}=\sqrt{1-\boldsymbol{\sigma}^2}$ 组成的协方差矩阵，从多维正态分布中抽取 $(1-p_0) \cdot J$ 个样本。$\boldsymbol{\mu}$ 和 $\boldsymbol{\rho}$ 可以通过计算 $\{\boldsymbol{U}_{\mathrm{k}}^{(j)}: j=1, \cdots, N_{\mathrm{s}}\}$ 样本的均值和标准差来获得，公式如下：

$$\hat{\boldsymbol{\mu}}-\frac{1}{N_{\mathrm{s}}}\sum_{j=1}^{N_{\mathrm{s}}}\boldsymbol{U}_{\mathrm{k}}^{j} \tag{2-35}$$

$$\hat{\boldsymbol{\sigma}}^2=\frac{1}{N_{\mathrm{s}}-1}\sum_{j=1}^{N_{\mathrm{s}}}(\boldsymbol{U}_{\mathrm{k}}^{(j)}-\hat{\boldsymbol{\mu}})^2 \tag{2-36}$$

$$\boldsymbol{\sigma}=\min(\lambda_{\mathrm{iter}}\boldsymbol{\sigma}_0, 1.0) \tag{2-37}$$

$$\log\lambda_{\mathrm{iter}+1}=\log\lambda_{\mathrm{iter}}+\zeta_{\mathrm{iter}}[\hat{p}_{\mathrm{iter}}-p^*] \tag{2-38}$$

$$\hat{p}_{\mathrm{iter}}=\frac{1}{N_{\mathrm{a}}}\sum_{l_k-1}^{N_{\mathrm{a}}}\hat{\boldsymbol{E}}[p_{v_k}] \tag{2-39}$$

式中：λ_{iter} 为缩放系数；$\lambda_1 \in (0, 1)$ 为初始缩放系数，可以随机生成；$\boldsymbol{\sigma}_0$ 为基于式（2-36）计算每一层初始样本得到的初始标准差矩阵；$\hat{p}_{\mathrm{iter}}$ 为该步的接受率；p^* 为最大接受率 0.44；$\hat{\boldsymbol{E}}[p_{v_k}]$ 为每一 v_{k} 步产生种子的平均接受率。通过每一步接受率与最大接受率的比较，不断调整 λ_{iter}，实现自适应更新。

二、非侵入式随机有限元方法

有限元是岩土工程中一种应用广泛的数值分析方法。常规的有限元建模和岩土体变形分析多是利用现成的有限元操作平台进行建模和运算。且多数有限元软件已有的功能即可满足需求。根据随机场的定义和随机场模型的构建过程可知，岩土体的随机场建模不同于常规的有限元建模。其建立的地质模型具有空间变异的材料属性，即不同单元网格的材料参数是不同的。另外，有限元模型需要多次重复运算，大多数现有的有限元软件显然不能满足该需求，因此需要对有限元软件进行一定程度的二次开发。

非侵入随机有限元方法广泛地应用于可靠度分析领域，能较好地将可靠度分析方法与商业软件相结合，并且避免了侵入式方法对内部有限元控制方程的改变。本书以 ABAQUS

软件为平台，以非侵入式随机有限元的方式开展滑坡随机场模型的渗流变形分析，分析流程如图 2-1 所示。

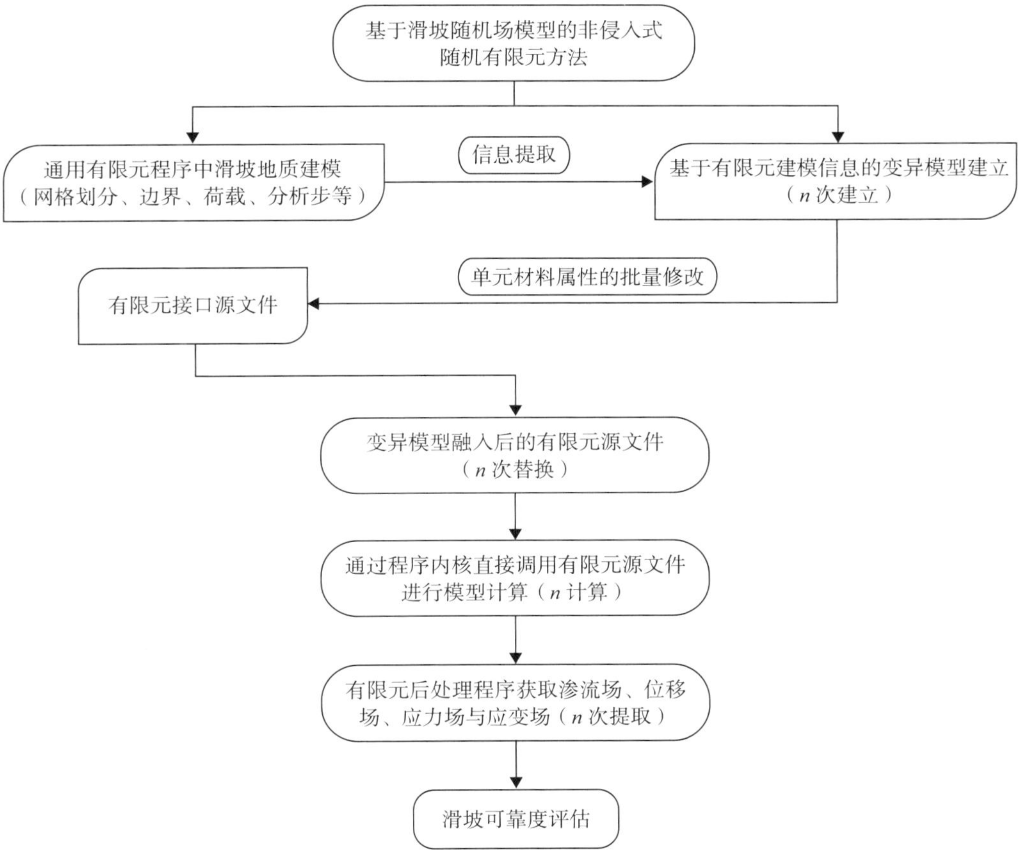

图 2-1　非侵入式随机有限元分析流程图

1）建立初始的滑坡有限元模型。设置边界条件，包括位移边界、降水边界、压力边界和孔压边界等；施加荷载，包括重力荷载和水压力荷载等；设置分析步、输入基本材料参数、进行网格划分等。

2）提取研究区域的单元中心点坐标，确定单元数目；基于初始的滑坡有限元模型生成 inp 源文件（图 2-2），修改 inp 源文件中的单元集合和材料属性截面，生成空间变异参数待嵌入的 inp 文件。

3）在获取土体参数统计特征的基础上，包括均值、变异系数、波动范围和互相关系数等参数和有限元模型信息，采用本章第二节的随机场构建方法，生成目标次数的参数随机变量。

4）将生成的土体参数随机变量与模型单元一一对应，批量修改待嵌入 inp 文件中每个

图 2-2　ABAQUS 软件 inp 文件内容

单元截面的目标土体参数；同时也可调整 inp 文件中的分析步、荷载等信息。

5）批量调用 ABAQUS 内核运行 inp 文件达到目标次数，生成待提取的 ODB 后处理文件；按照既定需求编写 Python 语言，批量提取 ODB 后处理文件中对应的目标信息，包括节点应力、孔压和位移等（图 2-3）。

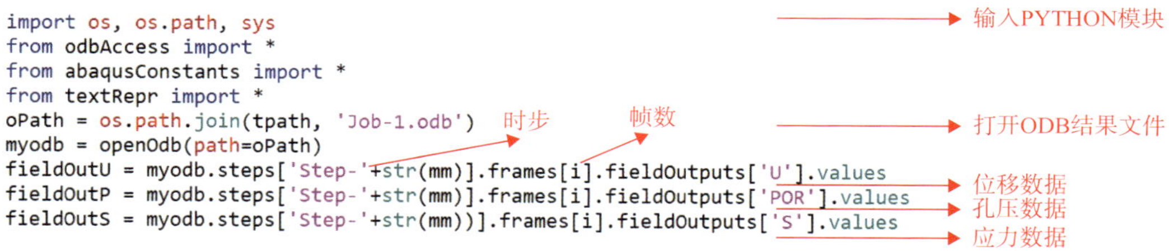

图 2-3　Python 后处理文件内容

6）在获取滑坡模型的后处理信息数据后，基于既定需求，如稳定性计算、破坏概率计算、渗流场和位移场统计等，开展相关分析。

三、多源数据下随机场参数反演流程

随机场的建立需要确定变量的均值、标准差、相关距离或波动范围（水平和垂直方向）。其中土性的相关距离通常因为试验数据限制而无法进行准确评估。土体属性的均值和标准差多通过试验数据进行统计。而由于取样差异、实验方法以及操作过程等因素影响，土性的试验结果与真实结果之间存在一定的误差。此外，经济和时间等因素决定了试验数量是有限的，因此根据试验数据所评估的土性均值和标准差也存在不确定性。总之评估随机场模型参数的过程中含有诸多不确定性，随机场模型参数的评估较为重要。

有限元模型是评估滑坡稳定性和变形的重要手段。然而，滑坡的数值评价结果不仅受岩土体参数的控制，还受本构模型、荷载施加、边界设置以及软件既有设定等影响。尽管，数值模型采用真实的岩土体参数，但计算得到的数值结果和真实情况仍有一定的误差。为了获得相对合理的滑坡稳定性结果，在既定滑坡数值模型的基础上，需要利用滑坡真实的响应数据信息反演岩土体参数，然后采用更新后的岩土体参数代入既定滑坡数值模型中，最终获得滑坡的稳定性信息。

根据贝叶斯理论可知，贝叶斯反演方法提供了一个可以利用模型输出响应信息来更新模型输入参数的途径。其中模型可以是滑坡有限元模型，输出响应信息可以是对应位置的地下水和地表位移等数据，输入参数即为岩土空间变异参数或产生随机场的参数。由贝叶斯反演方法可知，似然函数作为贝叶斯理论的重要一环，其连接了模型预测信息 d^* 和真实响应信息 d，公式如下：

$$P(\boldsymbol{D}|\boldsymbol{X},\ \zeta)=\prod\frac{1}{\sqrt{2\zeta^2\pi}}\mathrm{e}^{\frac{(d^*-d)^2}{2\zeta^2}} \tag{2-40}$$

似然函数的求解效率主要取决于有限元模型预测信息 d^* 的获取速度和信息误差 ζ。然而基于非侵入式随机有限元模拟的贝叶斯反演需要调用有限元开展数万次计算。当涉及复杂土体本构模型和数值边界的长期模拟时，有限元计算则更为耗时，因此要想进行高效率的反演必须缩短有限元模型预测信息 d^* 的获取时间。

目前，已有研究采用高阶 Hermite 随机多项式与 K-L 级数展开方法建立了随机场变量与稳定系数和孔隙水压的响应面模型[28]，在此基础上开展贝叶斯更新。这些研究提供了很好的解决思路，即建立随机场的响应面模型。然而上述方法在遇到多个参数随机场（高维度）、较大研究区域尺度、非线性响应关系和复杂边界模型等情况下，难以建立符合一定精度的随机场代理模型。目前尽管机器学习和神经网络等智能算法在建立回归响应模型方面有较多应用[29, 30]，然而当与空间位置有关的随机变量数目较多时，仍然无法建立有效的随机场响应模型。根本原因是与空间位置有关的随机变量具有高维性，导致其与响应信息之间的相关性较差，一些智能算法难以捕捉内在变量的关联性。为此，本书避免直接建立空间随机变量与响应信息之间的关系，而建立随机场模型生成参数与 d^* 之间的响应模型。

岩土体随机场模型的生成参数主要为均值、标准差和相关距离。基于以上参数可以生成若干空间变异参数场，而每个空间变异参数场代入有限元模型即可产生一次响应信息的预测值 d^*。因此可以建立每组随机场生成参数（均值、标准差和相关距离）与预测值 d^* 统计特征的关系。值得注意的是，一些不合理的空间变异参数场会导致有限元模型计算不收敛，而无法得到预测值 d^*，这些空间变异参数应该被筛选掉。根据似然函数的定义，当预

测值 d^* 与实际值 d 相差较大时，$P(\boldsymbol{D}|\boldsymbol{X}, \zeta)$ 的值将很低，从而在后续样本的更新过程中过低 P 值的 $\boldsymbol{X}$ 会被筛选掉。因此本书对预测值 d^* 取一个较大的值，如 1000，来表征不合理的预测值，在此基础上开展响应模型构建。其中空间变异参数场的生成可以采用超拉丁立方抽样算法，该算法能够保证尽管生成样本的数目较少，仍然可以均匀地抽取分布函数的整个空间样本。响应模型构建之后即可按照贝叶斯方法的基本流程进行反演，如图 2-4 所示为更新岩土随机场参数的贝叶斯反演流程图，基本步骤如下。

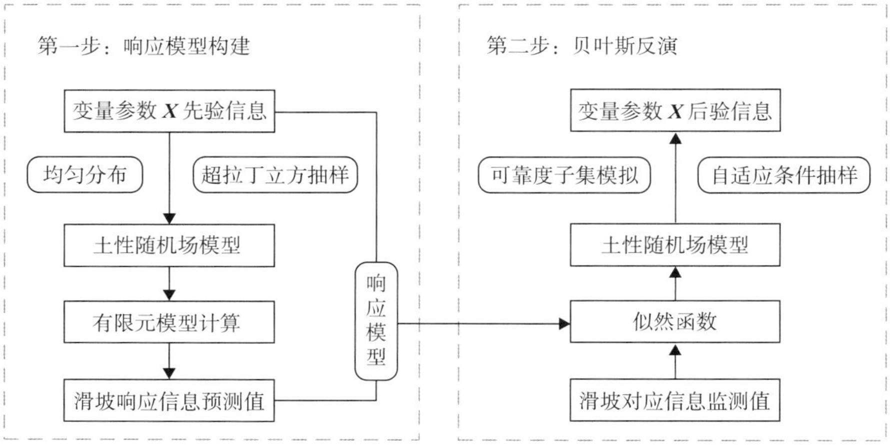

图 2-4　随机场参数的贝叶斯反演流程图

第一步，响应模型构建。

1）确定模拟岩土体随机场需要的参数 $\boldsymbol{X}$，如均值、标准差和相关距离；根据统计数据和现有文献报道，确定参数 $\boldsymbol{X}$ 的先验信息；根据先验信息采用超拉丁立方抽样产生 m 组参数 $\boldsymbol{X}$ 样本。

2）针对第一步产生的 m 组参数 $\boldsymbol{X}$ 样本，根据岩土体参数的随机场模拟流程，每一组参数 $\boldsymbol{X}$ 样本将产生 n 个岩土体参数空间变异场；将 $m \times n$ 个岩土体参数场代入有限元模型中，基于非侵入式随机有限元方法开展 $m \times n$ 次模拟分析。

3）提取 $m \times n$ 次有限元模拟结果中滑坡的响应信息预测值，对每一组参数 $\boldsymbol{X}$ 样本的 n 个预测值求平均值，即可获得每一组参数 $\boldsymbol{X}$ 对应的 d^* 平均值，共 m 个。

4）基于 m 组参数 $\boldsymbol{X}$ 样本和 m 个 d^* 平均值，采用神经网络算法建立参数 $\boldsymbol{X}$ 与信息预测值之间的响应模型，如多层前馈神经网络算法（BP 神经网络）。

第二步，贝叶斯反演。

1）确定与 d^* 相对应的滑坡信息监测值 d，并给定误差范围 ζ；基于第一步建立的响应模型开展贝叶斯反演更新，获得更新后的参数 $\boldsymbol{X}$。

2）统计分析更新后参数 $\boldsymbol{X}$ 的均值、概率密度分布情况，选定一组合适的随机场参数，作为后续随机场建模和滑坡稳定性计算的参数。

参考文献

[1] PHOON K K, KULHAWY F H. Characterization of geotechnical variability[J]. Canadian Geotechnical Journal, 1999, 36(4): 612−624.

[2] VANMARCKE E H. Random fields: analysis and synthesis[M]. Cambridge: MIT Press, 1983.

[3] VANMARCKE E H. Reliability of earth slopes[J]. International Journal for Numerical & Analytical Methods in Geomechanics, 1977, 3(4): 323−354.

[4] VANMARKE E H. Probabilistic modeling of soil profiles[J]. Journal of the Geotechnical Engineering Division Asce, 1977, 103(11): 1227−1246.

[5] TANG X S, LI D Q, RONG G, et al. Impact of copula selection on geotechnical reliability under incomplete probability information. Computers and Geotechnics, 2013(49): 264−278.

[6] TANG X S, LI D Q, ZHOU C B, et al. Copula-based approaches for evaluating slope reliability under incomplete probability information. Structural Safety, 2015(52): 90−99.

[7] XUE Y, MIAO F, WU Y, et al. Application of uncertain models of sliding zone on stability analysis for reservoir landslide considering the uncertainty of shear strength parameters[J]. Engineering with Computers, 2022, 38(4): 3057−3076.

[8] ONYEJEKWE S, KANG X, GE L. Evaluation of the scale of fluctuation of geotechnical parameters by autocorrelation function and semivariogram function[J]. Engineering Geology, 2016(214): 43−49.

[9] 刘爱利，王培法，丁园圆 . 地统计学概论 [M]. 北京：科学出版社，2012.

[10] DEGROOT D J, BAECHER G B. Estimating autocovariance of in-situ soil properties[J]. Journal of Geotechnical Engineering, 1993, 119(1): 147−166.

[11] EL-RAMLY H, MORGENSTERN N R, CRUDEN D M. Probabilistic stability analysis of a tailings dyke on presheared clay shale[J]. Canadian Geotechnical Journal, 2003, 40(1): 192−208.

[12] LI D Q, JIANG S H, CAO Z J, et al. A multiple response-surface method for slope reliability analysis considering spatial variability of soil properties[J]. Engineering Geology, 2015(187): 60−72.

[13] 蒋水华 . 水电工程边坡可靠度非侵入式随机分析方法 [D]. 武汉：武汉大学，2014.

[14] GRIFFITHS D V, HUANG J, FENTON G A. Probabilistic slope stability analysis using RFEM with non-stationary random fields[M]. RISK V, SCHWECKENDIEK T, VAN TOL A F, et al. (eds.) Geotechnical Safety, 2015, 704−709.

[15] JIANG, S H, LIU, X, HUANG, J S. Non-intrusive reliability analysis of unsaturated embankment slopes accounting for spatial variabilities of soil hydraulic and shear strength parameters[J]. Engineering with Computers, 2022，38(Suppl 1): 1−14.

[16] 薛阳，吴益平，苗发盛，等 . 库水升降条件下考虑饱和渗透系数空间变异性的白水河滑坡渗流变形分析 [J]. 岩土力学，2020，41(5)：1709−1720.

[17] XUE Y, MIAO F, WU Y, et al. Combing soil spatial variation and weakening of the groundwater fluctuation zone for the probabilistic stability analysis of a riverside landslide in the Three Gorges Reservoir area[J]. Landslides, 2023(20): 1013−1029.

[18] CONTRERAS L F, BROWN E T, RUEST M. Bayesian data analysis to quantify the uncertainty of intact rock strength[J]. Journal of Rock Mechanics and Geotechnical Engineering, 2018(10): 11−31.

[19] JIANG S H, HUANG J S, QI X H, et al. Efficient probabilistic back analysis of spatially varying soil

parameters for slope reliability assessment[J]. Engineering Geology, 2020(271): 105597
[20] YAO W, LI C, YAN C, et al. Slope reliability analysis through Bayesian sequential updating integrating limited data from multiple estimation methods[J]. Landslides, 2022, 19(5): 1101–1117.
[21] STRAUB D, PAPAIOANNOU I B. Bayesian updating with structural reliability methods[J]. Journal of Engineering Mechanics, 2015, 141(3): 04014134.
[22] WANG Y, CAO Z J, LI D Q. Bayesian perspective on geotechnical variability and site characterization[J]. Engineering Geology, , 2015(203): 117–125.
[23] ZHANG L L, ZHANG J, ZHANG L M, et al. Back analysis of slope failure with Markov chain Monte Carlo simulation[J]. Computers and Geotechnics, 2010, 37(7–8): 905–912.
[24] WANG L, HWANG J H, LUO Z, et al. Probabilistic back analysis of slope failure-a case study in Taiwan[J]. Computers and Geotechnics, 2013, 51: 12–23.
[25] GONG W P, TIEN Y M, JUANG C H, et al. Optimization of site investigation program for improved statistical characterization of geotechnical property based on random field theory[J]. Bulletin of Engineering Geology and the Environment, 2017, 76(3): 1021–1035.
[26] 薛阳，吴益平，苗发盛，等 . 基于随机场 – 贝叶斯的滑面抗剪强度参数反演 [J]. 浙江大学学报（工学版），2021，55(6)：10.
[27] PAPAIOANNOU I, BETZ W, ZWIRGLMAIER K, et al. MCMC algorithms for subset simulation[J]. Probabilistic Engineering Mechanics, 2015(41): 89–103.
[28] YANG H Q, ZHANG L, XUE J, et al. Unsaturated soil slope characterization with Karhunen–Loève and polynomial chaos via Bayesian approach[J]. Engineering with Computers, 2019, 35: 337–350.
[29] 桂劲松，康海贵 . 结构可靠度分析的响应面法及其 MATLAB 实现 [J]. 计算力学学报，2004，21(6)：683–687.
[30] 谭晓慧，宋传中，侯晓亮 . 基于径向基函数响应面法的岩质边坡可靠度分析 [J]. 地下空间与工程学报，2016，12(1)：250–255.

第三章 本构模型参数不确定性及滑坡稳定性计算

第一节 岩土体本构模型

一、损伤剪切本构模型

在连续介质力学中，材料变形与力学的关系可用数学方程表达，即本构模型是一个与材料变形历史相关的应力函数。根据本构的表达方式和材料在应力作用下的变形特点，本构模型可分为弹性、超弹性、塑性、超塑性及亚塑性等。

损伤本构模型常用来描述岩体软弱结构面，如节理面、剪切滑动面和层理面等[1-3]的剪切位移 u 和剪应力 τ 行为。一种应变软化行为的 $\tau-u$ 曲线如图 3–1 所示，剪切过程可以表征为四个阶段。屈服剪应力 τ_s、屈服点位移 u_y、峰值剪应力 τ_p、峰值点位移 u_p、残余剪应力 τ_r 等一些基本的参数可以从 $\tau-u$ 曲线中识别。根据统计破坏理论，土体的剪切应力 τ 可以表达为

$$\tau = K_s u(1-D_e) + \tau_r D_e \tag{3-1}$$

式中：$K_s u(1-D_e)$ 为土体完整的剪切强度；$\tau_r D_e$ 为破坏部分的剪切强度；K_s 为剪切刚度；D_e 为表土体的破坏度。

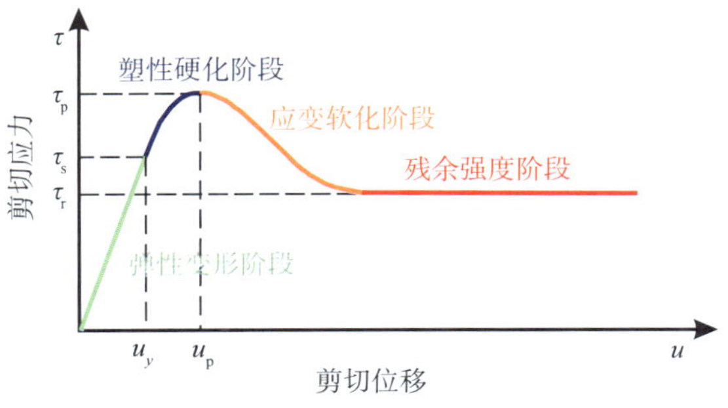

图 3–1 应变软化行为的 $\tau-u$ 曲线

破坏度 D_e 随着剪切位移 u 而变化，它的变化范围为 0 ~ 1，可以表达为

$$D_e=\begin{cases}1-\exp\left[-\left(\dfrac{u-u_y}{u_0}\right)^m\right] & u\geqslant u_y\\ 0 & u<u_y\end{cases}\tag{3-2}$$

式中：m 和 u_0 反映了 $\tau-u$ 曲线的几何形状和规模大小。

通过将式（3-2）代入式（3-1）可以得到描述整个剪切过程的损伤本构模型，公式如下：

$$\tau=\begin{cases}K_s u\left\{\exp\left[-\left(\dfrac{u-u_y}{u_0}\right)^m\right]\right\}+\tau_r\left\{1-\exp\left[-\left(\dfrac{u-u_y}{u_0}\right)^m\right]\right\} & (u\geqslant u_y)\\ K_s u & (u<u_y)\end{cases}\tag{3-3}$$

$$m=\frac{K_s(u_p-u_y)}{(K_s u_p-\tau_r)\ln\left(\dfrac{K_s u_p-u_y}{\tau_p-\tau_r}\right)}\tag{3-4}$$

$$u_0=\frac{u_p-u_y}{\sqrt[m]{\ln\left(\dfrac{K_s u_p-u_y}{\tau_p-\tau_r}\right)}}\tag{3-5}$$

由以上公式可知，损伤本构模型需要确定 K_s、u_y、τ_r、m、u_0 五个参数，这些参数可以通过不同正应力下土体的环剪试验结果中验证得到。然而，参数的确定过程中存在主观因素，难免产生误差[2]。

二、节理剪切本构模型

以描述材料的剪应力 τ 和剪应变 γ 为例，节理剪切本构方程可表达为[4-6]

$$\tau=G\gamma\,(1+\gamma^{\sigma}/s)^{\eta}\tag{3-6}$$

式中：G 为初始剪切模量，单位可为 MPa、kPa、Pa；σ、η 和 s 分别为无量纲参数，共同决定材料荷载－位移曲线的类型。

节理本构模型对材料所有类型的荷载－位移曲线均有如下数学关系要求：

$$\sigma\geqslant 2、s>0、-1<\eta\leqslant 0 \text{ 和 } 1+\sigma\eta\neq 0\tag{3-7}$$

曲线的表现类型主要由参数 η 决定，根据 η 的不同范围，节理剪切本构模型描述的曲线类型可以有如下特征：

1）当 $\eta=0$ 时，节理模型可以描述材料的弹性特性；

2）当 $\eta=-0.5$ 时，材料的应力应变曲线特点呈理想弹塑性；

3）当 $-0.5<\eta<0$ 时，材料的应力应变曲线呈硬化型；

4）当 $-1<\eta<-0.5$ 时，模型可以描述软化型的应力应变曲线，此时曲线的峰值应力和应变均可由模型参数计算得到。

节理剪切本构模型共需要 G、σ、η 和 s 四个参数，这些参数可以通过土体试验结果来确定。如图 3–2 所示为某法向应力下土体的应力应变试验结果，曲线为典型的软化型。G 可由曲线的初始模量来确定，而其他三个参数需要由 G_a、G_a''、G_b、G_b''、γ_a、γ_b 和 γ_{peak} 综合计算得到。可见在试验曲线中如何确定峰值、峰前和峰后点位尤为关键，对曲线上点的不同选择势必导致本构模型参数的差异。然而由于一些人为因素，参数的评估误差不可避免。

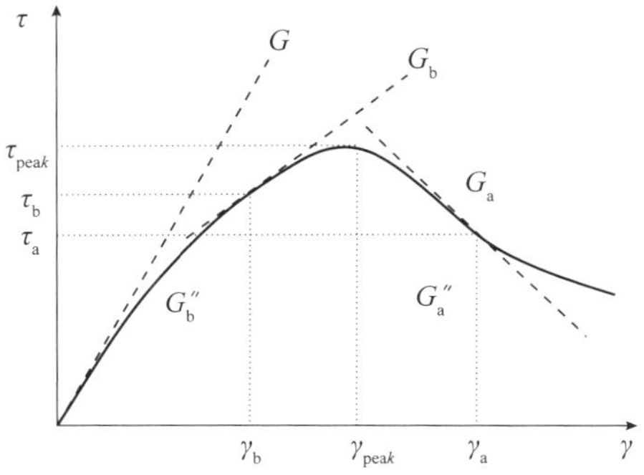

图 3–2 剪切应力应变曲线

三、亚塑性黏土本构模型

其中亚塑性模型描述的塑性应变增量和应力增量呈非线性关系，且应变增量方向与应力增量相关，本构模型采用率的张量函数来表达 [7-10]。Mašín[7] 发展的亚塑性黏土本构模型显式地融合了预定义的渐进状态边界面。该模型能够描述黏土的基本特征和力学行为，包括超固结状态、应变硬化、应变软化和循环加卸载等。另外显式的发展框架为后续亚塑性模型的发展提供了便利，比如考虑小应变刚度、蠕变效应、热效应和刚度各向异性等。为此本书主要采用该模型进行相关研究，基本方程可表达为

$$\mathring{\boldsymbol{T}} = f_s \boldsymbol{L} : \boldsymbol{D} - \frac{f_d}{f_d^A} \boldsymbol{A} : \boldsymbol{d} \|\boldsymbol{D}\| \tag{3-8}$$

$$A = f_s \boldsymbol{L} + \frac{\boldsymbol{T}}{\lambda^*} \otimes \boldsymbol{I} \tag{3-9}$$

$$\boldsymbol{L} = \boldsymbol{I} + \frac{v}{1-2v} \boldsymbol{I} \otimes \boldsymbol{I} \tag{3-10}$$

式中：$\boldsymbol{T}$ 为 Cauchy 应力二阶张量；$\mathring{\boldsymbol{T}}$ 为 Jaumann 应力率二阶张量；$\boldsymbol{D}$ 为应变二阶张量；$\boldsymbol{I}$ 和 $\boldsymbol{I}$ 分别为二阶、四阶单位矩阵；$\boldsymbol{A}$ 和 $\boldsymbol{L}$ 为四阶张量，$\boldsymbol{L}$ 描述了各向同性弹性；符号“:”和“⊗”分别表示两个张量的内积和外积，$\|\,\|$ 表示 Euclidean 范数；参数 v 反映了体积刚度

和剪切刚度的比值；**d** 为渐进状态的应变率方向。

变量 f_d 控制着相对密度对模型非线性行为的影响，可表达为

$$f_d = \left(\frac{2p}{p_e}\right)^{\alpha} \tag{3-11}$$

式中：$p = -\mathrm{tr}\boldsymbol{T}/3$ 为正压力；p_e 为 Hvorslev 等价压力，可通过等向固结压缩曲线 ln(1+ e)-ln$p$（图 3-3）来描述。

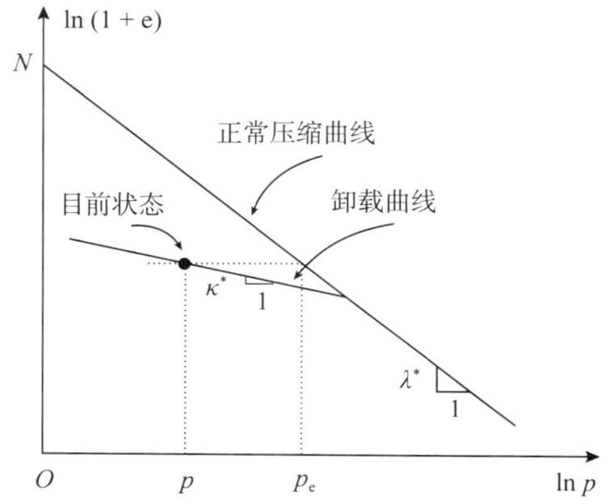

图 3-3　参数 λ^*、N、κ^* 和 p_e 的定义

$$p_e = p_r \exp\left(\frac{N - \ln(1+e)}{\lambda^*}\right) \tag{3-12}$$

式中：N 为参考压力 p_r = 1 kPa 时的孔隙比对数值，代表正常压缩曲线的位置；λ^* 为等向正常固结压缩曲线斜率；α 反映了超固结比对非线性行为的影响，超固结比可定义为 p_e/p，α 可通过以下方程进行评估：

$$\alpha = \frac{\ln\left[\dfrac{\lambda^* - \kappa^*}{\lambda^* + \kappa^*}\left(\dfrac{3 + a_f^2}{a_f\sqrt{3}}\right)\right]}{\ln 2} \tag{3-13}$$

式中：κ^* 为卸载曲线斜率；a_f 的计算公式如下：

$$a_f = \frac{\sqrt{3}\,(3 - \sin\varphi_c)}{2\sqrt{2}\sin\varphi_c} \tag{3-14}$$

式中：φ_c 为临界状态摩擦角。

f_d^A 反映了渐进状态边界面的形状，预定义的状态边界面形状需要满足黏土的一些代表属性，为此 f_d^A 可表达如下：

$$f_d^A = 2^{\alpha}(1 - F_m)^{\alpha/\omega} \tag{3-15}$$

式中：F_m 为 Matsuoka-Nakai 因子，根据松冈和中井给出的屈服条件，其可以表达为

$$F_m = \frac{9I_3 + I_1 I_2}{I_3 + I_1 I_2} \tag{3-16}$$

$$I_1 = \mathrm{tr}\,\boldsymbol{T}$$

$$I_2 = \frac{1}{2}[\boldsymbol{T}:\boldsymbol{T} - (I_1)^2] \tag{3-17}$$

$$I_3 = \det \boldsymbol{T}$$

式（3-15）中，ω 可表达为

$$\omega = \frac{\ln(\cos^2\varphi_c)}{\ln 2} + 0.3(F_m - \sin^2\varphi_c) \tag{3-18}$$

渐进状态的应变率方向可由 $\boldsymbol{d} = \boldsymbol{d}^A / \|\boldsymbol{d}^A\|$ 代表，另外应变率方向也需要满足一些基本属性，为此 $\boldsymbol{d}^A$ 可以表达为

$$\boldsymbol{d}^A = -\hat{\boldsymbol{T}}^* + \boldsymbol{l}\left(\frac{2}{3} - \frac{\cos 3\sigma + 1}{4}F_m^{1/4}\right)\frac{F_m^{\xi/2} - \sin^{\xi}\varphi_c}{1 - \sin^{\xi}\varphi_c} \tag{3-19}$$

应力洛德角 σ 定义为

$$\cos 3\sigma = -\sqrt{6}\,\frac{\mathrm{tr}(\hat{\boldsymbol{T}}^* \cdot \hat{\boldsymbol{T}}^* \cdot \hat{\boldsymbol{T}}^*)}{[\hat{\boldsymbol{T}}^* : \hat{\boldsymbol{T}}^*]^{3/2}} \tag{3-20}$$

ξ 定义为

$$\xi = 1.7 + 3.9\sin^2\varphi_c \tag{3-21}$$

f_s 控制着平均应力对模型的影响，可以表达为

$$f_s = \frac{3p}{2}\left(\frac{1}{\lambda^*} + \frac{1}{\kappa^*}\right)\frac{1 - 2\upsilon}{1 + \upsilon} \tag{3-22}$$

亚塑性黏土模型所需要的基本参数包括 φ_c、N、λ^*、κ^* 和 υ，部分参数和修正剑桥模型的参数具有相同含义。临界状态摩擦角 φ_c 可通过土体的三轴剪切试验来获得；参数 N 和 λ^* 可通过等向固结压缩试验或者一维固结试验来获得。等向固结压缩试验是最好的选择，当然由于一维固结试验易于实施，也可以用来验证参数，需要将竖直压力转换为平均正应力 σ_v，转化公式如下：

$$p = \sigma_v \frac{1 + 2(1 - \sin\varphi)}{3} \tag{3-23}$$

参数 κ^* 不仅控制着卸载压缩曲线的斜率，还影响着模型的非线性表现，因此参数 κ^* 需要通过模拟压缩试验和剪切试验来综合确定最优值。参数 υ 是线性增量和非线性增量两个部分的组成分量，其不仅控制了刚度变化，而且影响着整个模型表现，因此参数 υ 也需要通过模拟三轴剪切试验来拟合确定。若需要考虑内聚力 c 的影响，同样可以引入转换变量

$p_t = c/\tan\varphi$ 来替换应力张量 $\boldsymbol{T}$。

孔隙比是亚塑性土体本构模型的一个重要状态变量。本构模型的运行需要指定初始孔隙比，初始孔隙比的确定有两种方式。一种是直接对整个研究区域指定不同位置的孔隙比；另一种是通过给定土体的超固结比，采用式（3-12）来计算研究区域不同平均应力下的孔隙比。若第一种方法给定的孔隙比不合理，则容易造成数值不收敛和模拟失真，因此常采用第二种方法。

第二节　基于贝叶斯理论的本构模型参数更新

一、参数反演流程

根据贝叶斯理论，未知变量的先验概率密度分布利用已知信息可以更新为后验概率密度分布，变量的先验概率密度分布通常为不确定性较大的均匀分布。对于本构模型的参数评估过程，已知信息为不同围压条件下的应力应变试验数据 $\boldsymbol{Y}$，未知变量为本构模型参数 $\boldsymbol{X}$。因此可将模型参数 $\boldsymbol{X}$ 的后验概率密度函数 $P(\boldsymbol{X},\ \zeta\,|\,\boldsymbol{Y})$ 表达为

$$P(\boldsymbol{X},\ \zeta\,|\,\boldsymbol{Y}) = \frac{P(\boldsymbol{Y}\,|\,\boldsymbol{X},\ \zeta)\,P(\boldsymbol{X},\ \zeta)}{\iint P(\boldsymbol{Y}\,|\,\boldsymbol{X},\ \zeta)\,P(\boldsymbol{X},\ \zeta)\,\mathrm{d}\boldsymbol{X}\mathrm{d}\zeta} \tag{3-24}$$

$$\boldsymbol{Y} = [\boldsymbol{Y}_1,\ \boldsymbol{Y}_2,\ \cdots,\ \boldsymbol{Y}_{n_1}] \tag{3-25}$$

$$\boldsymbol{Y}_i = [y_1,\ y_2,\ \cdots,\ y_{n_2}]^{\mathrm{T}} \tag{3-26}$$

$$\boldsymbol{X} = [x_1,\ x_2,\ \cdots,\ x_{n_3}] \tag{3-27}$$

式中：n_1 为试验围压的级数；n_2 为一级围压下应力应变数据点的个数；n_3 为模型参数的个数；变量 ζ 为应力应变预测信息 y^* 与试验数据信息 y 之间的误差。

本构模型参数反演框架的数值实施将通过 MATLAB 编程来实现，如图 3-4 所示，基本的思路步骤简述如下。

1）确定需要评估的本构模型参数 $\boldsymbol{X}$；根据参数的物理意义和现有文献统计等，确定参数 $\boldsymbol{X}$ 和误差 ζ 的先验信息；如均匀分布的特征值，在此基础上采用超拉丁立方抽样算法产生 J 组 $\boldsymbol{X}$ 和 ζ 的初始样本。

2）编辑本构模型的运行程序，定义输入变量为参数 $\boldsymbol{X}$，输出目标为应力应变数据 $\boldsymbol{Y}$；根据算法流程编辑贝叶斯子集模拟和条件抽样算法程序；反演过程中不断地调用本构模型的运行程序。

3）将 J 组初始样本代入到极限功能函数中，计算得到 J 个系统响应值 $\boldsymbol{Y}$；将响应值按照顺序排列，根据功能函数的条件破坏概率 $p_0 \in [0.1, 0.3]$，通常取 0.1，确定 $P_0 \cdot J$ 个合格样本。

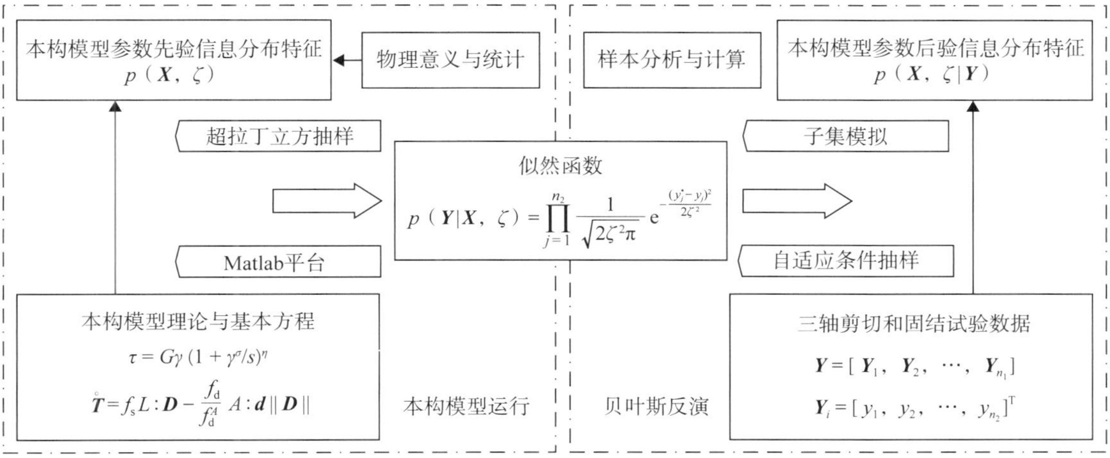

图 3-4 本构模型参数反演流程图

4）根据自适应条件抽样方法产生 $(1-p_0)\cdot J$ 个满足功能函数破坏区域的样本，再次构成 J 个样本；不断重复以上步骤，若子集模拟进行到一定层数后，J 个样本都处于失效区域内，则停止后续模拟。

5）获得一定数量符合后验分布信息的 $\boldsymbol{X}$ 样本，之后统计参数 $\boldsymbol{X}$ 的均值、中位数、标准差等概率密度分布特征；最终可以选定一组合适的参数 $\boldsymbol{X}$ 值，作为本构模型参数的评估值。

二、参数反演结果

（一）损伤剪切本构模型

采用黄土坡滑坡滑带土的环剪试验结果 [11] 来验证损伤剪切本构模型参数的概率评估过程。该滑带土环剪试验采用 ARS-Bishop 环剪设备，剪切速率为 0.02 mm/min，选择 200 kPa、300 kPa、400 kPa、500 kPa 和 600 kPa 法向应力下 $\tau-u$ 数据进行评估。根据损伤剪切本构模型参数的定义，所有 K_s、u_y、τ_r、m 和 u_0 值都应大于 0。然后，根据理论极限值和确定值见表 3-1 中的参数范围。

表 3-1 损伤剪切本构模型参数的范围变化

模型参数	确定值 / kPa					典型范围
	200	300	400	500	600	
K_s/(kPa · mm^{-1})	40.1	54.2	44.6	57.9	60	[20，100]
u_y/mm	0.75	1.09	0.95	1.55	1.54	[0.5，2]
τ_r/kPa	62.4	82.8	113.3	130.3	150.5	[40，200]
m	0.39	0.389	0.57	0.33	0.27	(0，5]
u_0	0.49	0.35	1.24	0.24	0.09	(0，5]
ζ	—					(0，10]

基于 30 个试验数据点，分别推断出 200 kPa、300 kPa、400 kPa、500 kPa 和 600 kPa 法向应力下本构模型的参数。表 3-2 总结了不同法向应力下 K_s、u_y、τ_r、m 和 u_0 的后验均值和标准偏差。图 3-5 显示了不同法向应力下的 K_s、u_y、τ_r、m 和 u_0 的概率密度曲线。可以看出，所有模型参数都是全局或局部可识别的。等效样本估算的平均值与表 3-1 中的确定值之间的差异不容忽视，但模型参数的确定值都在这些等效样本的范围内。

表 3-2　损伤剪切本构模型参数后验样本的统计特征

应力/kPa	均值					标准差				
	K_s/(kPa·mm^{-1})	u_y/mm	τ_r/kPa	m	u_0	K_s/(kPa·mm^{-1})	u_y/mm	τ_r/kPa	m	u_0
200	40.48	0.92	63.53	0.47	0.64	1.88	0.09	1.19	0.04	0.21
300	43.81	0.69	82.14	0.67	1.18	2.47	0.15	0.54	0.07	0.24
400	47.97	1.24	111.59	0.46	0.70	1.76	0.10	1.12	0.05	0.22
500	59.57	1.42	122.59	0.36	0.43	2.25	0.30	1.76	0.03	0.17
600	56.61	1.47	130.06	0.31	0.42	8.07	0.24	2.33	0.04	0.36

基于模型参数的 20000 个等效样本，可以得到不同法向应力的 $\tau-u$ 预测曲线。如图 3-6 所示，95% 的样本置信区间可以覆盖试验点。值得注意的是，置信区间宽度随剪切位移的变化而变化。可以看出，不同法向应力下 $\tau-u$ 曲线有较窄的置信区间宽度，反映了较

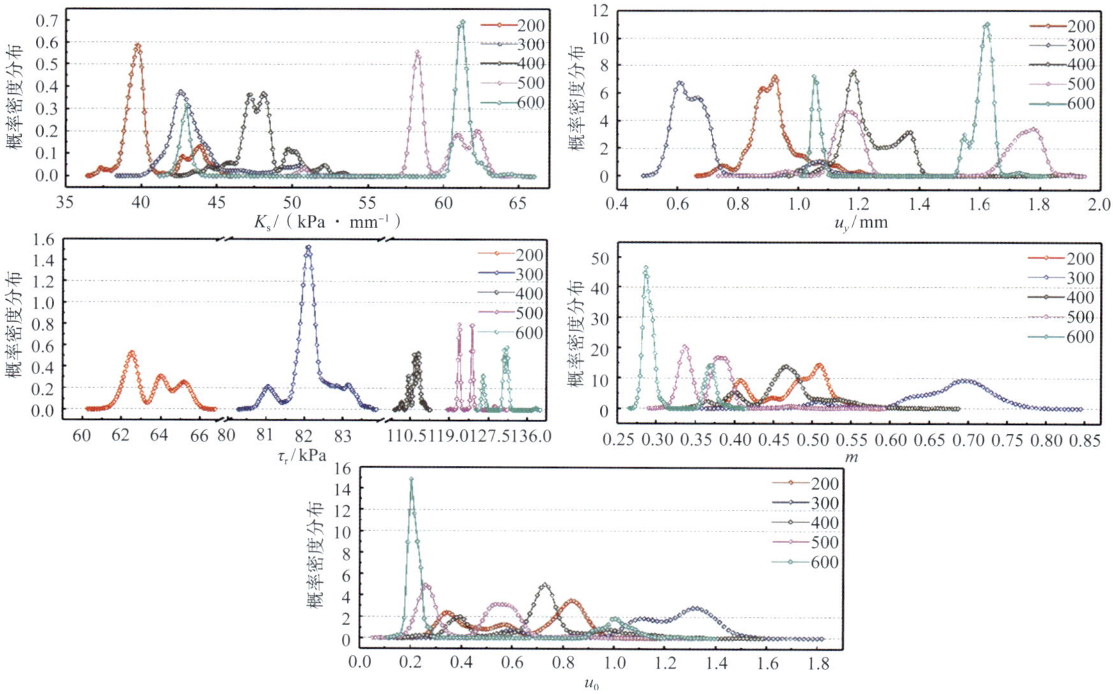

图 3-5　不同法向应力下的 K_s、u_y、τ_r、m 和 u_0 的概率密度曲线

高的置信度。而在塑性硬化和应变软化阶段，$\tau-u$ 曲线的置信区间较宽，反映了较高的应力－应变曲线变异性。在应变软化阶段，应力－应变曲线的变异性随剪切位移而减小。此外，随着法向应力的增加，置信区间宽度也呈上升趋势。

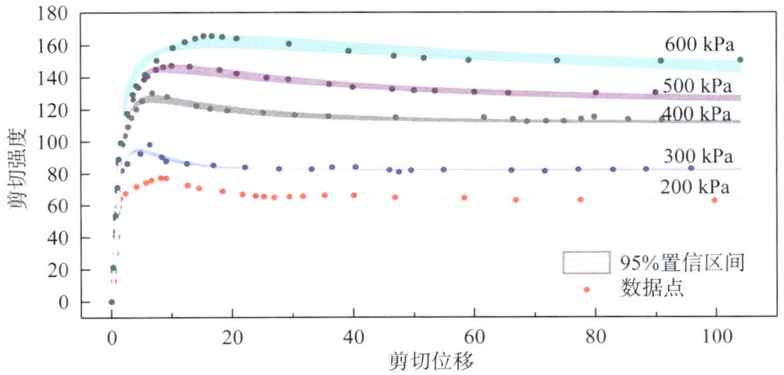

图 3-6 $\tau-u$ 试验结果和预测曲线

（二）节理剪切本构模型

采用粉砂质黏性土的三轴固结不排水剪切试验结果进行节理本构模型的参数评估，该试验土体的湿密度为 2.4 g/cm³，试验围压为 200 kPa、300 kPa 和 400 kPa。分别以不同围压下的应力应变数据点作为后验信息 $\boldsymbol{Y}=[\boldsymbol{Y}_i]$（$i=1,2,3$）反演对应围压下的本构模型参数 G、σ、η 和 s，具体的应力应变信息数据点如图 3-7 所示。

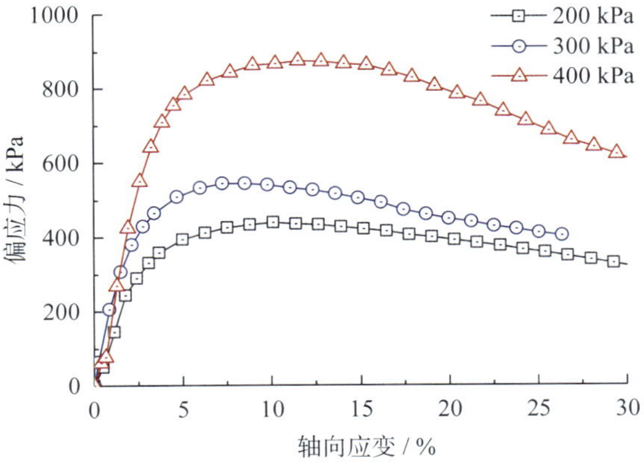

图 3-7 三轴固结不排水剪切试验曲线

根据贝叶斯方法，更新参数的先验信息常被视为联合均匀分布，这需要确定更新参数的典型范围。然而与土体性质或模型参数相关的范围报道很少。Li 等 [12] 建议根据理论极限和专业知识来确定参数的取值范围，因此本书首先通过常规方法来确定 G、σ、η 和 s 的值，之后进行外延来大致确定取值范围。根据应力的变化特征，误差 ζ 的最大值取 20，其变化

范围为 (0，20]，最终确定参数的先验信息见表 3–3。

表 3–3　节理剪切本构模型参数的先验信息

参数 不同围压 / kPa		G	σ	s	η
常规确定	200	124	2.02	32.5	−0.70
	300	204	2.01	16.5	−0.67
	400	220	2.03	43.9	−0.73
取值范围		[10，500]	[2，5]	(0，100]	(−1，−0.5]

分别采用 200 kPa、300 kPa 和 400 kPa 围压下的试验数据来评估节理剪切模型的四个参数，每个参数分别生成 10000 个等效样本，即样本数目 J = 10000。统计模型参数的概率密度曲线如图 3–8 所示，可以看出所有参数的概率密度曲线具有单个峰值或多个峰值的特征，即参数变量是全局可识别或局部可识别的。以上表明了模型参数是可以用本书构建的贝叶斯分析框架来进行评估的。

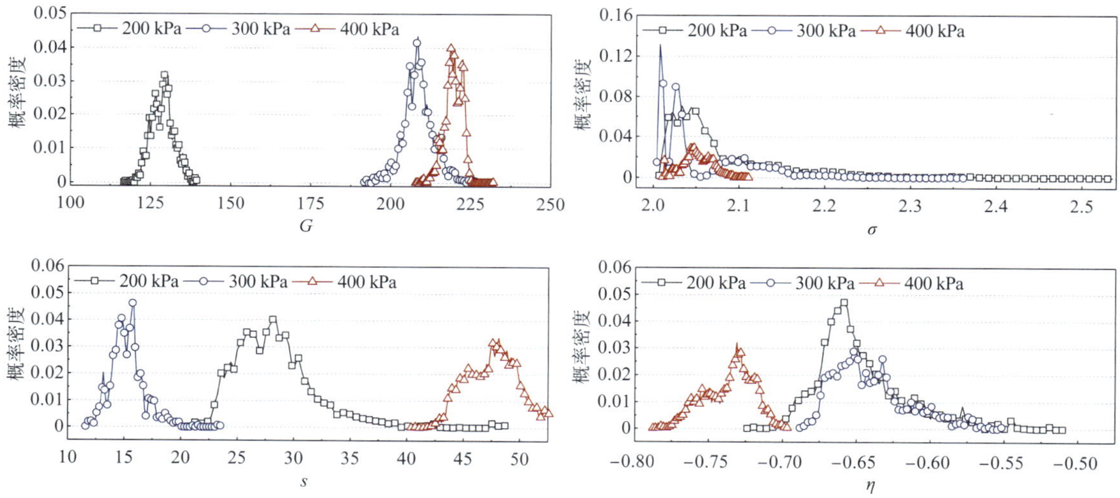

图 3–8　G、σ、s 和 η 的概率密度曲线

同时计算出不同围压下每个模型参数的后验均值和标准差，结果见表 3–4。结合概率密度曲线的表现，可以明显看出参数 G 随着围压的增大而增大，而参数 η 有减小的趋势。这是因为参数 G 反映了曲线的初始剪切模量，与围压呈正相关性。参数 η 主要影响本构模型描述剪应力应变曲线的类型，其绝对值逐渐增大，本构模型表征应力软化型曲线的效果就越好。

根据模型参数生成的 10000 个等效样本，分别进行 200 kPa、300 kPa 和 400 kPa 围压下土体的偏应力 – 应变曲线预测。在这里引入具有一定置信度的变量包络带区间（置信区间），其中较窄的包络带区间反映了较高的置信度和较低的不确定性。本书采用变量的 2.5% 和 97.5% 分位数来定义变量 95% 的置信区间。如图 3–9 所示，可以看出所有围压下应力曲

表 3-4 节理剪切本构模型参数的后验信息

参数	后验均值			后验标准差		
围压 / kPa	200	300	400	200	300	400
G	129	209	219	3.51	4.94	2.82
σ	2.08	2.06	2.05	0.073	0.055	0.017
s	28.41	15.28	47.86	3.80	1.49	2.61
η	−0.64	−0.65	−0.74	0.031	0.025	0.017

线的置信区间和试验数据的变化趋势基本相同。轴向应变的增加会引起包络带区间宽度的增加，即本构模型预测应力－应变曲线的离散性变大。围压为 200 kPa 和 300 kPa 的偏应力－应变曲线包络带区间可以覆盖所有数据点，而 400 kPa 围压下的包络带区间不能覆盖全部数据点，这可能因为 400 kPa 的试验结果不理想，存在一定的误差。

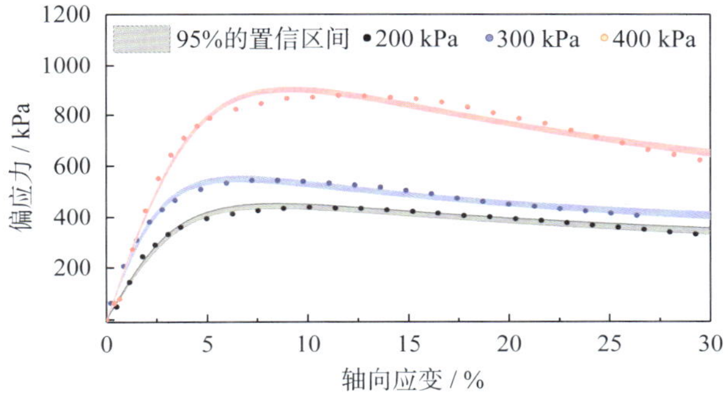

图 3-9 三轴剪切试验与预测曲线

为了探究本构模型各个参数对表征试验曲线的不同贡献度，进而可以重点关注评估过程中贡献度相对较大的参数。采用 Pianosi 等 [13, 14] 提出的一种全局敏感性分析方法，基于 MATLAB 平台实现随机变量对目标响应值的重要性分析。首先根据贝叶斯反演后的本构模型参数样本分布特征，采用超拉丁立方抽样生成正态分布随机变量。然后将随机变量代入本构模型运行程序，生成试验曲线的预测值。将试验值和预测值对应点的误差平方和作为目标响应值。

不同围压下节理本构模型参数对误差平方和的敏感度变化结果如图 3-10 所示。在所有围压条件下，参数 σ 和 η 对应力应变曲线表征的贡献度相对较大，初始剪切模量 G 的贡献最小。对于本次试验曲线，低围压 200 kPa 下 σ 的敏感度最高，而高围压 400 kPa 下 η 的贡献度最大。因为曲线的表现类型主要由参数 η 决定，高围压试验曲线的软化表现明显。此外，也可以看出围压的变化对参数 s 敏感度的影响并不显著。

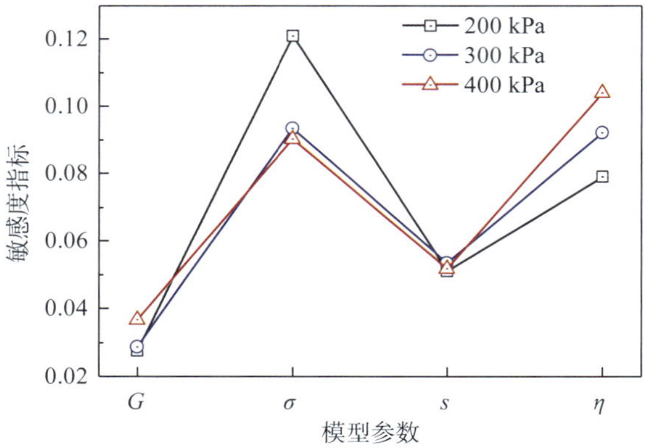

图 3-10　节理本构模型参数的敏感度变化曲线

（三）亚塑性黏土本构模型

亚塑性黏土本构模型的基本参数需要通过室内三轴剪切试验和固结试验的结果进行联合验证。下面将基于黏土的三轴固结排水剪切和一维固结试验结果来评估亚塑性模型参数 φ、N、λ^*、κ^* 和 υ。试验土体是以粉粒和黏粒为主的黏性土，干密度为 1.65 g/cm^3。试验采用的三轴压缩仪器为应变控制式，型号为 TYS-500。三轴试验的围压分别为 100 kPa、200 kPa、300 kPa 和 400 kPa。首先三轴试样在给定围压下进行充分排水固结，之后在一定围压下开展三轴剪切，以 20% 的轴向应变作为试验的终止条件，试验结果如图 3-11 所示。一维固结压缩试验采用标准环刀试样，基于三联式 GDG 高压固结仪器先加载到 800 kPa，然后再卸载到 0 kPa，试验结果如图 3-12 所示。

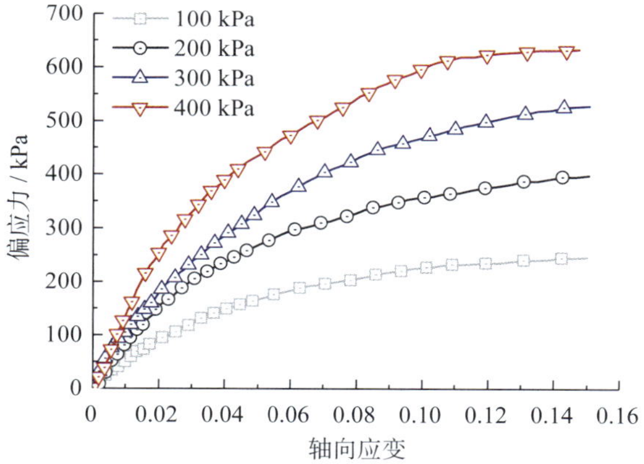

图 3-11　三轴固结排水剪切试验曲线

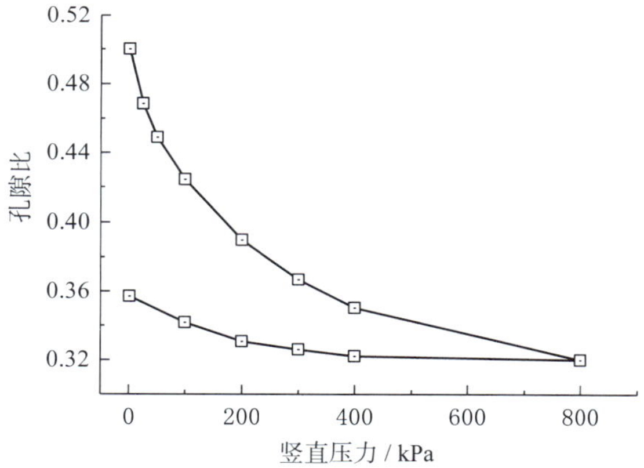

图 3-12　一维固结压缩试验曲线

不同于节理剪切模型的参数评估过程，本次参数的概率评估可以利用四个围压下的三轴剪切偏应力－应变曲线和固结试验压力－孔隙比曲线作为后验信息 $\boldsymbol{Y}=[\boldsymbol{Y}_1, \boldsymbol{Y}_2, \boldsymbol{Y}_3, \boldsymbol{Y}_4, \boldsymbol{Y}_5]$，共有五个数据集合。前四个数据集合分别选取三轴剪切试验曲线中接近 3%、9% 和 12% 轴向应变的数据点。$\boldsymbol{Y}_5$ 选取固结试验加载时 300 kPa、400 kPa、800 kPa 和卸载时 400 kPa、300 kPa 处的数据点，具体为 0.367、0.350、0.320、0.322 和 0.326。

参数的先验信息首先根据常规方法和试验数据进行大致推断。在此基础上取较大的范围区间作为先验信息，结果见表 3-5。另外由于压力 – 孔隙比数据和偏应力 – 应变数据的含义和量级不同，两个试验误差应取不同范围，偏应力 – 应变数据的误差为 ζ_1，压力 – 孔隙比数据的误差为 ζ_2。其他所需的模型参数：$c = 42$ kPa，超固结比取为 1。

表 3-5　亚塑性模型参数的先验信息

模型参数	常规确定	取值范围
φ / (°)	23.8	[5，50]
N	0.7	[0.1，2]
λ^*	0.064	[0.0001，0.25]
κ^*	0.01	[0.001，0.2]
υ	0.3	(005，0.8]
ζ_1	—	(0，10]
ζ_2	—	(0，0.05]

基于贝叶斯反演方法生成的 10000 个等效样本，计算出每个模型参数的后验均值和标准差，见表 3-6。每个模型参数的概率密度曲线如图 3-13 所示，可以看出所有参数的概率密度曲线具有明显的单个峰值或多个峰值特征，即亚塑性黏土本构模型的参数也可以较好地被识别评估。

表 3-6　亚塑性模型参数的后验信息

模型参数	后验均值	后验标准差
φ / (°)	25.1	0.588
N	0.81	0.039
λ^*	0.085	0.007
κ^*	0.029	0.007
υ	0.22	0.044

基于生成的模型参数样本，分别进行 100 kPa、200 kPa、300 kPa 和 400 kPa 围压下的三轴剪切试验模拟和一维固结加卸载试验模拟。预测不同围压下土体的偏应力 – 应变曲线如图 3-14 所示。可以看到不同围压下 95% 的应力包络线区间和大多数试验数据点基本重合，说明所评估模型参数的应力 – 应变预测值与实验值的误差较小。另外，包络线的区间宽度较窄，说明所评估的本构模型参数具有较小的变异性，也间接反映了亚塑性黏土模型描述

三轴剪切试验的能力较强。孔隙比与压力曲线的模拟结果如图 3-15 所示，同样可以看出 95% 的包络线区间基本可以覆盖试验数据点，而包络线的区间宽度稍大，但从试验预测趋势来讲，结果是可靠的。

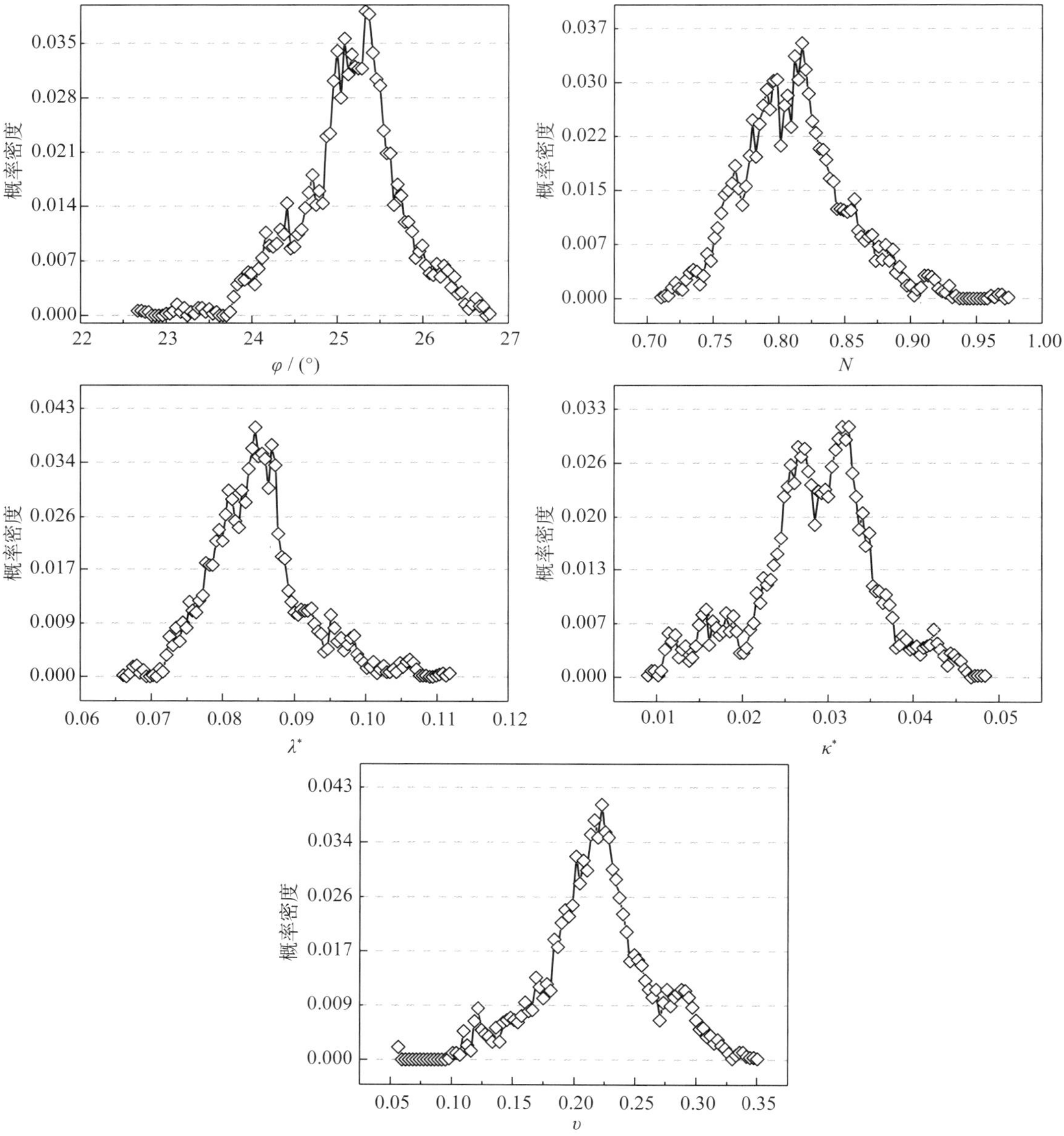

图 3-13　φ、N、λ^*、κ^* 和 υ 的概率密度曲线

为了研究亚塑性模型参数分别在三轴剪切和一维加卸载过程中的贡献度，计算出参数 φ、N、λ^*、κ^* 和 υ 对偏应力应变曲线和孔隙压力曲线的敏感度如图 3-16 所示。可以看出，

对于剪切曲线的预测，大多参数都有着同等重要的影响，整体来看参数 N 的贡献相对较小。在加载过程中，参数 λ^* 和 N 的敏感度相对较大，其他参数对压缩曲线的影响减小，然而在卸载过程中，κ^* 的贡献度显然增加。敏感度曲线的变化特征与亚塑性模型参数的含义相关，由图 3-3 可知，参数 λ^* 和 N 定义了固结压缩曲线的斜率和位置，参数 κ^* 不仅控制着卸载压缩曲线的斜率，还影响着模型的非线性表现。参数 υ 是线性增量和非线性增量两个部分的组成分量，其主要影响刚度变化，以及整个模型表现。

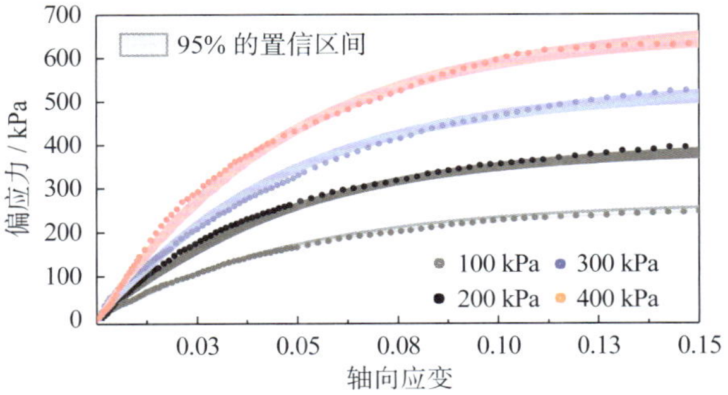

图 3-14　土体的偏应力 - 应变曲线

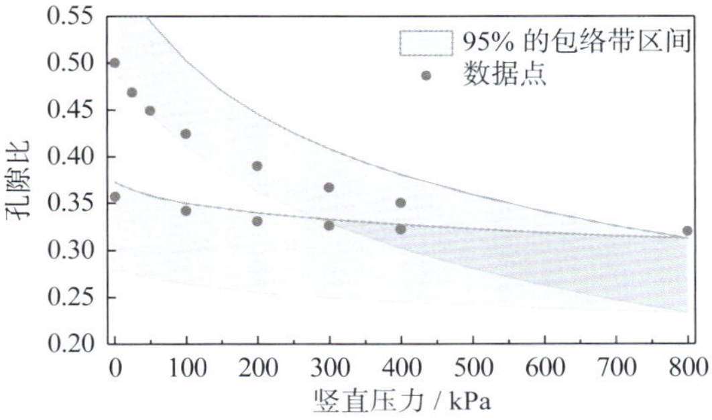

图 3-15　土体的孔隙比与压力曲线

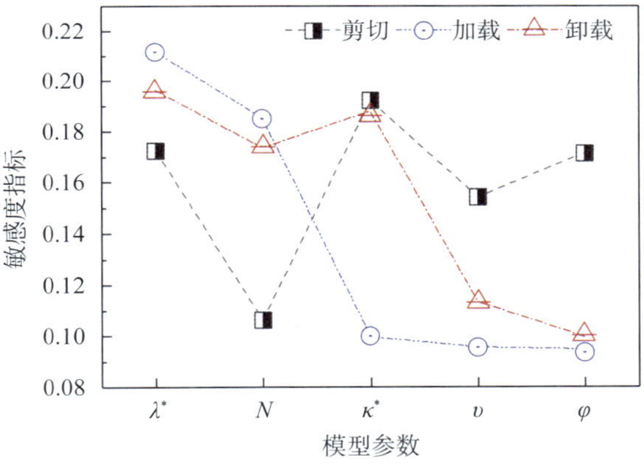

图 3-16　亚塑性模型参数的敏感度变化曲线

由贝叶斯构建流程可知，模型预测和试验数据之间的误差 ζ 是通过似然函数 $P(\boldsymbol{Y}|\boldsymbol{X}, \zeta)$ 来反映的，误差 ζ 取值范围的不同会对预测结果产生影响。以节理剪切本构模型为例，开展 400 kPa 围压下的偏应力应变曲线预测，误差 ζ 的最大值分别等于 10、20、30、50 和 100。结果如图 3-17 所示，可以看出当 ζ 取较小值时，置信区间较窄，且区间无法完全覆盖数据点；而随着 ζ 的增大，置信区间的宽度不断增加，随后趋于不变。

误差 ζ 反映了一些不确定性来源，可以包括试验不确定性、评估不确定性和拟合不确定性。如果每种不确定性有明确的统计值或范围，那么误差 ζ 应该是固定值或者有一个狭窄的变化范围。但是由于缺乏统计信息，可以使用了一个更广泛的误差范围，通过使用贝叶斯方法的自动更新机制来获取多种参数的后验信息。本案例中本构模型参数不确定性的主要来源是模型与曲线之间的拟合误差。总之，通过采用贝叶斯反演方法可以自动地确定本构模型参数的概率取值，之后可根据应力应变的预测效果（如拟合优度），选取一组或多组较优的模型参数，这相对解决了本构模型参数评估中的一些困难。

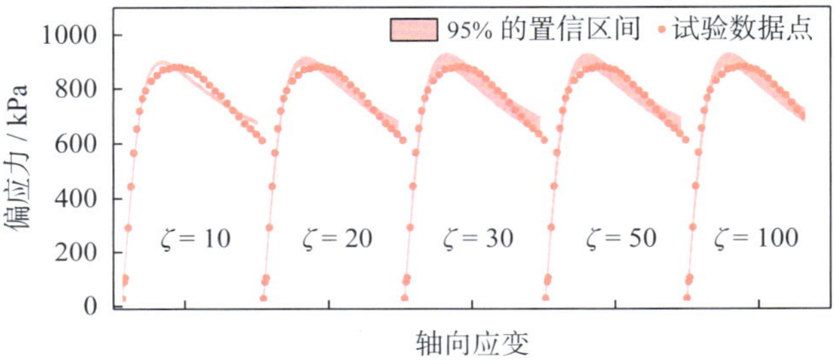

图 3-17　不同误差 ζ 的应力应变曲线结果

第三节　数值边坡稳定性计算

一、基于损伤剪切本构模型的边坡稳定性

根据损伤剪切本构模型参数的概率评估结果，由于模型参数的不确定性，所评估的 $\tau-u$ 曲线的变异性是显著存在的。因此，需要研究模型参数不确定性对滑坡稳定性的影响。以损伤剪切本构模型为例，采用极限平衡方法 [1] 来计算浅层滑坡体的安全系数（F_S），任意条块 i 的平衡方程为

$$F_i = F_{i-1}\cos(\alpha_{i-1}-\alpha_i) + (W_{i1}+W_{i2})\sin\alpha_i + P_{W_i}\cos(\sigma_i-\alpha_i) - R_i/F_S \tag{3-28}$$

式中：F_i 和 F_{i-1} 为相邻条块的条间力，如图 3-18 所示；P_{W_i} 为单位长度条块的渗透力；σ_i 为地下水位线的倾角；α_i 为条间力与水平面的夹角；W_i 为单位条块的重力，$W_{i1}=\gamma V_{iu}$，$W_{i2}=\gamma' V_{id}$，$P_{W_i}=\gamma_W \sin\sigma_i V_{id}$，其中 V_{iu} 是水位以上条块的体积，V_{id} 为水位以下条块的体积，γ_W 为水的重度，γ 为岩土体的自然重度。$\gamma'=\gamma_{sat}-\gamma_W$ 为浮重度，γ_{sat} 为饱和重度，F_S 为折减系数。R_i 是条块间的反力，可以表达为

$$R_i = \tau_i \tilde{l}_i \tag{3-29}$$

式中：$\tilde{l}_i$ 为条块的滑面长度；τ_i 为条块 i 的剪切强度。

根据以上边坡稳定性方法的计算流程，滑坡安全系数 F_S 取决于剪切面上滑动力和抗滑力的大小。任意条块的抗滑力可以通过条块剪应力 τ_i 和条块滑面长度 $\tilde{l}_i$ 的乘积来获得，具体来讲，τ_i 通过任意条块正应力 σ_{ni} 下 $\tau-u$ 的预测曲线计算得到，其中任意条块正应力 σ_{ni}

可以表达为

$$\sigma_{ni}=\frac{N_i}{\tilde{l}_i}=\frac{F_{i-1}\sin(\alpha_{i-1}-\alpha_i)+(W_{i1}+W_{i2})\cos\alpha_i+P_{W_i}\cos(\sigma_i-\alpha_i)}{\tilde{l}_i} \tag{3-30}$$

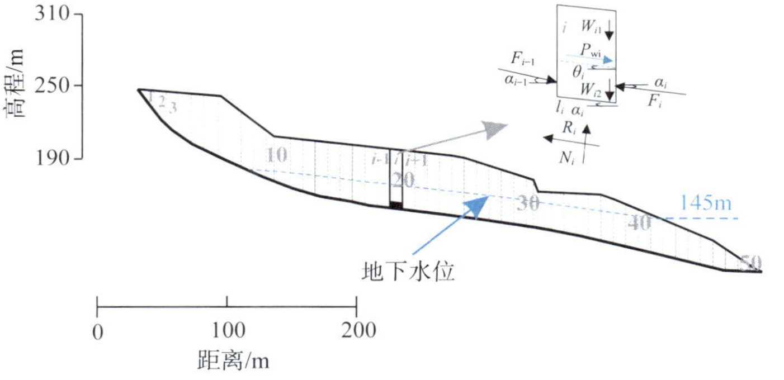

图 3-18　滑坡条块划分与条间力示意图

因此，正应力 σ_{ni} 和本构模型参数 K_s、u_y、τ_r、m、u_0 之间的关系需要确定，已有文献表明参数 m 和 u_0 是正值，随着正应力的增加而下降。基于贝叶斯更新得到的本构模型参数，采用线性函数和指数函数来拟合参数，其中指数函数能够确保 m 和 u_0 为正值。拟合函数可以表达为

$$\left.\begin{matrix}K_s\\u_y\\\tau_r\end{matrix}\right\}=\begin{bmatrix}\psi_{K_s}\\\psi_{u_y}\\\psi_{\tau_r}\end{bmatrix}\cdot\sigma_n+\begin{bmatrix}\eta_{K_s}\\\eta_{u_y}\\\eta_{\tau_r}\end{bmatrix} \tag{3-31}$$

$$\left.\begin{matrix}m\\u_0\end{matrix}\right\}=\begin{bmatrix}\psi_m\\\psi_{u_0}\end{bmatrix}\cdot\exp\left(\begin{bmatrix}\eta_m\\\eta_{u_0}\end{bmatrix}\cdot\sigma_n\right) \tag{3-32}$$

式中：ψ，η 为回归系数；σ_n 为正应力。

在得到任意正应力下的模型参数之后，和剪切位移相关的剪切应力可以被计算，最终滑坡的稳定系数 F_S 可以通过极限平衡法计算得到。以 145 m 水位下黄土坡 1 号滑坡的浅层滑坡体为例计算稳定性。土体的天然重度为 21 kN/m^3，饱和重度为 23 kN/m^3。

图 3-19 给出了不同剪切位移下 F_S 的 95% 置信区间和均值曲线，包括 5 mm，10 mm，30 mm，50 mm，100 mm，200 mm，…，1200 mm。F_S 均值曲线逐渐下降，趋于平稳。F_S 均值的最大值是 $u=5$ mm 时刻的 1.089，此时的 COV 是 0.037。除此之外，置信区间的宽度先减少后增加，在 $u=1200$ mm 时达到了 0.2。如图 3-19（b）所示 F_S 标准差的变化趋势相同，曲线转折点的位置接近于峰值剪切位移 u_p，结果可以通过 F_S 的计算原理来解释。当 u 小于 u_p 时，条块的抗滑力可以由峰值位移 τ_p 来提供，抗滑力可以达到最大值。但是当 u 大于 u_p 时，抗滑力由剪切应力 τ 提供，并由于 $\tau-u$ 的应变软化特点逐渐减小。

图 3-20 描述了剪切位移 u 从 5 mm 变化至 1200 mm 时滑坡 F_S 的概率密度分布曲线，F_S 的概率分布特征可以识别。可以明显看出，随着 u 的增加，概率密度分布曲线逐渐向左移动。密度曲线的峰值首先增加，然后减少，最终峰值维持在 0.96 附近。当 u = 1200 mm 时，F_S 的变化范围达到了 0.3。通过以上分析，滑坡 F_S 由剪切应力 τ_i 和正应力 σ_{ni} 控制。滑坡 F_S 的变异性和不同剪切位移下 τ–u 曲线的变化紧密相关。

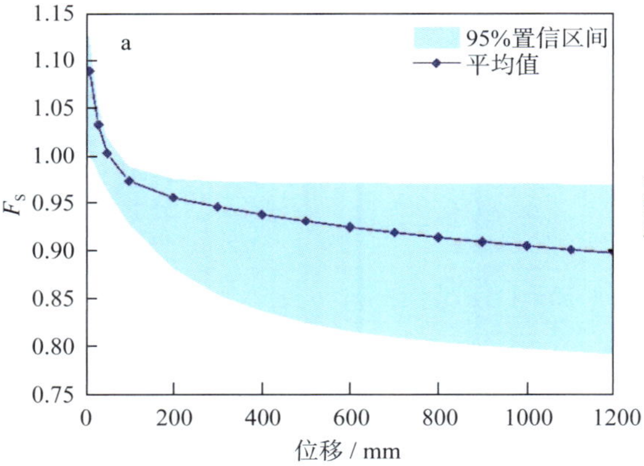

（a）F_S 均值和 95% 置信区间

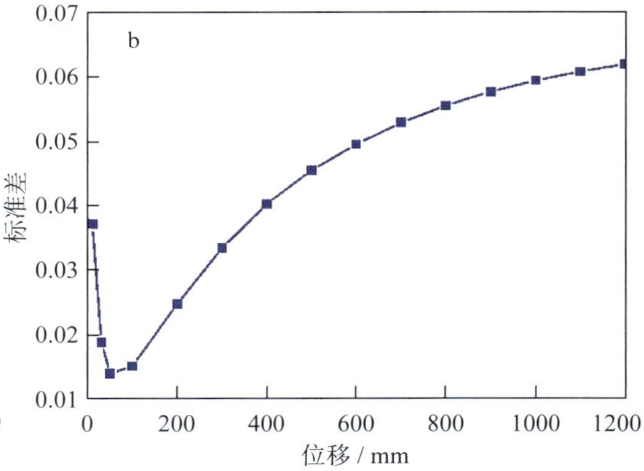

（b）F_S 标准差

图 3-19　不同剪切位移的 F_S 曲线

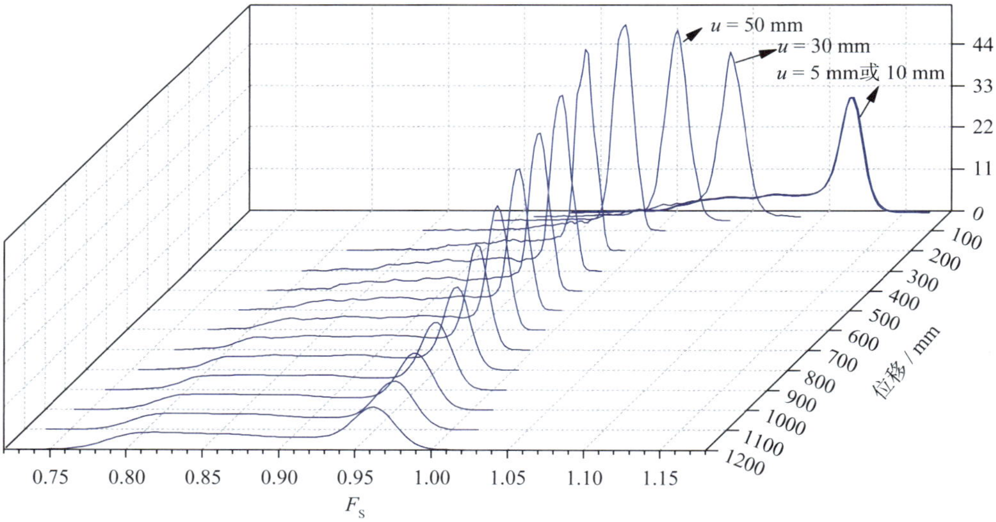

图 3-20　不同剪切位移的滑坡 F_S 概率密度分布曲线

二、基于亚塑性黏土本构模型的边坡稳定性

稳定系数是边坡或滑坡稳定性的主要指标。边坡数值模型的稳定系数计算方法主要为有限元强度折减法和基于极限平衡思想的方法（如条分法、极限分析法、矢量和法等）。有

限元强度折减法对于获取具有时间效应的滑坡稳定性系数较困难。因为该方法需要对每一目标时刻的滑坡数值模型进行强度参数折减运算，以数值不收敛、塑性区贯通和位移陡降为稳定系数评估标准。虽然条分法能较便利地获取滑坡动态稳定性系数，但因含有较多假设条件在数值模型评估中有一定的误差，而且该方法难以在 ABAQUS 软件中直接实现。对于滑坡动态稳定性计算，矢量和法可以根据每一时刻给定滑面上的应力分布来开展矢量分析，计算过程独立于数值模型运算过程。

对于亚塑性本构模型的滑坡稳定性计算，有限元强度折减法尽管可以合理地计算边坡的稳定性系数。然而作为一种高级的土体本构模型，有限元折减计算需要较小增量步和大量步数的迭代计算，耗时较长。另外由于滑坡复杂荷载和边界条件的设置，不合理的增量步容易导致数值不收敛。因此考虑到长期稳定性的评估需求和复杂数值模型的条件设置，本书采用矢量和法来评估亚塑性本构模型的边坡稳定性。首先基于矢量和理论介绍了边坡稳定性的计算过程，然后以简单边坡为例。通过与基于摩尔库仑（Mohr-Coulomb）模型的边坡稳定性系数结果对比，以及与有限元强度折减法确定的临界滑面位置进行比较，可以验证基于亚塑性本构模型的矢量和法计算结果的合理性。

（一）矢量和法理论

葛修润[15]首次提出用矢量和法计算边坡的稳定性。如图 3-21 所示为一边坡滑面上的应力矢量分布特征，滑面 S 可以划分为有限多个微小滑面。每一个微滑面上沿竖直方向的应力矢量 σ_s、垂直于微滑面的应力矢量 σ_n 和平行于微滑面的应力矢量 σ_τ 可以分别表达为

$$\sigma_s = \sigma \cdot \hat{n} \tag{3-33}$$

$$\sigma_n = (\sigma_s \cdot \hat{n}) \cdot \hat{n} \tag{3-34}$$

$$\sigma_\tau = \sigma_s - \sigma_n \tag{3-35}$$

式中：$\hat{n}$ 为应力 σ 的单位法向矢量。

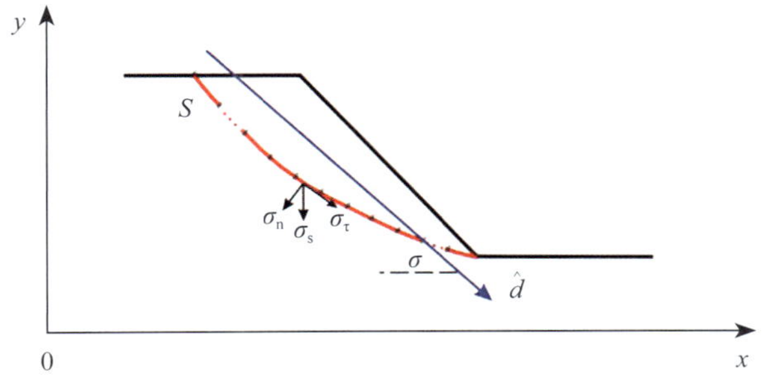

图 3-21　滑面应力矢量特征

边坡 F_S 定义为沿着整体滑动方向 $\hat{d}$ 上总抗滑力矢量和 R 与总下滑力矢量和 T 的比值，其表达式如下：

$$F_{\mathrm{S}}=\frac{R}{T}=\frac{\int_{s}(\sigma_{\mathrm{s}}'(-\hat{d}))\,\mathrm{d}S}{\int_{s}(\sigma_{\mathrm{s}}\hat{d})\,\mathrm{d}S} \tag{3-36}$$

式中：σ_{s}' 为最大抗滑力矢量，可以表达为

$$\sigma_{\mathrm{s}}'=\sigma_{\mathrm{n}}'+\sigma_{\tau}' \tag{3-37}$$

式中：$\sigma_{\mathrm{n}}'=-\sigma_{\mathrm{n}}$ 为作用于滑坡体上的正应力矢量；σ_{τ}' 为岩土体所能提供的最大抗剪切应力矢量，基于摩尔库仑抗剪应力确定准则，其可以表达为

$$\sigma_{\tau}'=-(c+\sigma_{\mathrm{n}}'\tan\varphi)\,d_{\mathrm{r}} \tag{3-38}$$

式中：d_{r} 为微滑面上的剪切应力方向。

整体滑动方向 $\hat{d}$ 可以根据抗剪应力或下滑应力的相对矢量和方向来确定，其中基于滑面抗剪应力的相对矢量和方向可表达为

$$\hat{d}=\frac{\int_{s}-(c+\sigma_{\mathrm{n}}'\tan\varphi)\,d_{\mathrm{r}}\,\mathrm{d}S}{\left\|\int_{s}(c+\sigma_{\mathrm{n}}'\tan\varphi)\,d_{\mathrm{r}}\,\mathrm{d}S\right\|} \tag{3-39}$$

对于已经计算完成的数值模型，可以提取任意时步下滑面所经过的单元节点应力、单元截面属性参数 c 和 φ。中心点处的应力可作为微滑面的应力 σ。

（二）危险滑面确定

对于具有明显变形破坏迹象和滑动趋势的滑坡，其滑面可根据现场地质勘查发现的地质结构、岩性、滑带位置和变形迹象来综合确定。然而对于未发展成滑坡的边坡来讲，最危险滑动面需要通过不断地试算来确定。因此需要给出多种可能的滑动面，并利用寻优算法快速找出最危险滑动面，然后根据矢量和法来计算 F_{S}。以简单二维边坡为例，利用遗传算法寻找最危险圆弧滑动面，该方法根据生存法则来计算最优解，通过在每一代中设置选择、交叉和变异选项，最终在某一代中达到最优解。

需要确定目标寻优函数、输入参数以及参数的变化范围。圆弧滑动面的输入参数为圆心坐标 $(x_{\mathrm{c}},\ y_{\mathrm{c}})$ 和半径 R_{c}。由最危险滑动面即为最小 F_{S} 可知目标函数为 $F_{\mathrm{S}}(x_{\mathrm{c}},\ y_{\mathrm{c}},\ R_{\mathrm{c}})$。输入参数的范围需要依据边坡的几何尺寸来表达：

$$\begin{cases} X_{\min}\leqslant x_{\mathrm{c}}\leqslant X_{\max} \\ Y_{\min}\leqslant y_{\mathrm{c}}\leqslant Y_{\max} \\ R_{\min}\leqslant R_{\mathrm{c}}\leqslant R_{\max} \end{cases} \tag{3-40}$$

为了产生合理的滑动面，输入参数的范围确定需要根据边坡滑面的既定规则。例如圆弧滑动面不应被边坡的几何线分割成多段；坡脚处的滑面与水平方向的夹角不应超过 45°；后缘滑面点可以位于坡顶或者坡面；前缘滑面剪出口可以位于坡面或者坡底。如图 3-22 所示，为简单二维边坡的滑动面搜索过程和遗传算法迭代过程，可以看到滑动面在不断地靠近临界

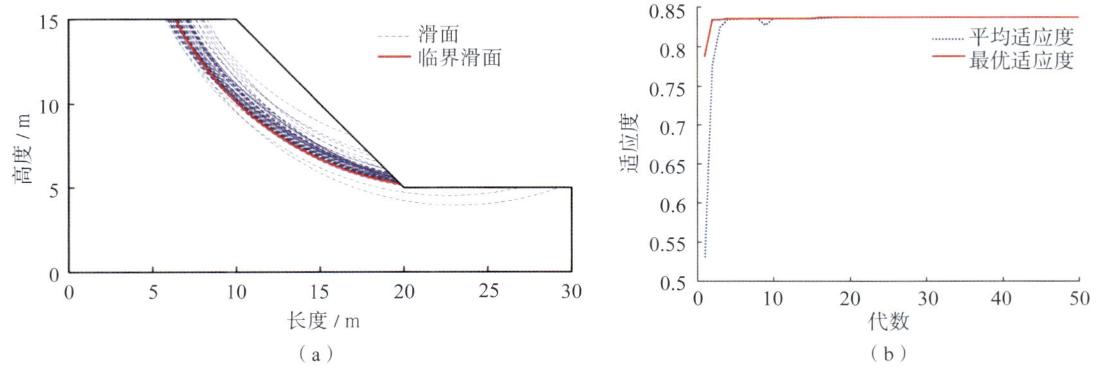

图 3-22　临界滑动面的搜索过程（a）和遗传算法的自适应曲线（b）

滑面；在不到 10 代的种群更新后，即可达到最优。寻找最危险滑动面的步骤总结如下。

1）确定初始种群。随机产生 *num* 个合理的滑面，并根据矢量和法确定其 F_S，例如 *num* 取 100。

2）构建自适应函数。自适应函数包含目标函数 $F_S(x_c, y_c, R_c)$ 和惩罚函数，惩罚函数的使用可以加快优化速率。惩罚函数 $pnu(i)$ 可以定义为每一代种群演化中存在不合理滑面的个数，最终自适应函数 F_{fit} 可表达为

$$F_{fit}=\frac{1}{F_S(i)^2+pun(i)}\qquad i=1,\ \cdots,\ num \tag{3-41}$$

3）通过遗传算法中的选择、交叉和变异选项来自适应地产生新种群。

4）重复 2）、3）直到满足一定次数的种族迭代或者到达一定精度。

（三）边坡稳定性实例验证

为了验证矢量和法计算结果的合理性，以一个简单的二维边坡为例，采用 ABAQUS 软件，开展基于摩尔库仑本构模型的重力加载模拟。采用有限元强度折减法确定其临界滑动面和边坡稳定性系数，以数值不收敛为判定准则。同时开展基于 Mašín 亚塑性黏土本构模型的边坡模拟，采用矢量和法确定临界滑动面和边坡稳定性系数。

有限元强度折减法的实施需要两步，第一步为重力加载步，第二步为参数 c 和 φ 的折减步骤。折减后的参数可表达为 $c_f = c/Fv$ 和 $\varphi_f = \arctan(\tan(\varphi)/Fv)$，折减系数 Fv 一般设置为 0.5 ~ 2。矢量和法仅需要重力加载步来获取应力分布。

边坡的几何模型如图 3-23 所示，左右边界分别限制其水平位移，模型底部约束水平方向和垂直方向的位移，有限元模型划分为 1400 个四边形平面应变单元。摩尔库仑本构模型参数 c = 10 kPa、φ = 30°，弹性模量为 100 MPa，泊松比为 0.35，土体的干密度为 2 g/cm^3。而 Mašín 亚塑性黏土本构模型采用相同的 c 和 φ，这些参数决定了本构模型的临界破坏条件，另外初始应力场的生成采用摩尔库仑本构模型的弹性模型参数。

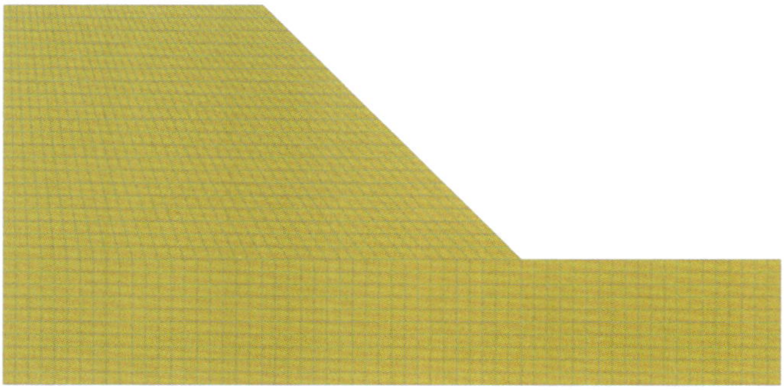

图 3-23 简单边坡的有限元网格模型

图 3-24 所示为摩尔库仑数值模型采用有限元强度折减法获取的应变分布云图。可以看到明显的应变贯通区域，其为有限元强度折减法得到的滑带，获取的 F_S 为 1.152。对于亚塑性黏土本构数值模型，采用矢量和法获取的临界滑动面也绘制于图中，获取的 F_S 为 1.198。结果表明摩尔库仑数值模型和亚塑性数值模型得到的临界滑动面和 F_S 差异不大。由上一节分析可知，亚塑性黏土模型采用的破坏条件为 SMP 屈服准则，SMP 屈服面与摩尔库仑屈服面的失效标准差别不大。在同样的边坡模型和材料参数下，Cho[16] 和 Li 等 [17] 采用简化的 Bishop 法得到的 F_S 分别为 1.204 和 1.208，可以看出矢量和法获取的稳定系数是满足要求的。

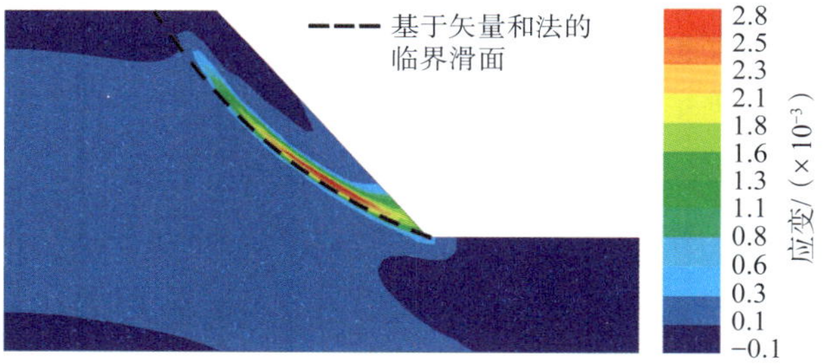

图 3-24 边坡有限元应变分布

参考文献

[1] ZOU Z X, YAN J B, TANG H M, et al. A shear constitutive model for describing the full process of the deformation and failure of slip zone soil. Engineering Geology, 2020(276): 105766.

[2] XIE S J, LIN H, CHEN Y F, et al. A damage constitutive model for shear behavior of joints based on determination of the yield point. International Journal of Rock Mechanics and Mining Sciences, 2020(128): 104269.

[3] XIE S, LIN, H, WANG, Y, et al. A statistical damage constitutive model considering whole joint shear deformation. International Journal of Damage Mechanics, 2020, 29(6): 988−1008.

[4] 卢应发，杨丽平，刘德富．一种新的节理本构模型及几种新的滑坡稳定系数计算方法 [J]. 岩石力学与工程学报，2013，32(12)：2431-2438.
[5] 吴新星．节理本构模型及其工程应用 [D]. 武汉：武汉大学，2013.
[6] 卢应发，黄学斌，刘德富．边坡力的分布特征和稳定性分析 [J]. 岩土工程学报，2017，39(7)：1321-1329.
[7] MAŠÍN D. Clay hypoplasticity with explicitly defined asymptotic states. Acta Geotech, 2013(8): 481-496.
[8] MAŠÍN D. 3D modeling of an NATM tunnel in high K0 clay using two different constitutive models. J Geotech Geoenviron, 2009, 135(9): 1326-1335.
[9] KADLÍČEK T, MAŠÍN D. The strength reduction method in clay hypoplasticity. Comput Geotech, 2020(126): 103687.
[10] GUO X, Peng C, Wu W, et al. A hypoplastic constitutive model for debris materials. Acta Geotech, 2016, 11(6): 1217-1229.
[11] 范志强，唐辉明，谭钦文，等．滑带土环剪试验及其对水库滑坡临滑强度的启示 [J]. 岩土工程学报，2019，41(9)：1698-1706.
[12] LI D Q, WANG L, CAO Z J, et al. Reliability analysis of unsaturated slope stability considering SWCC model selection and parameter uncertainties[J]. Engineering Geology, 2019(260): 105207.
[13] PIANOSI F, WAGENER T. Distribution-based sensitivity analysis from a generic input-output sample[J]. Environmental Modeling and Software, 2019(108): 197-207.
[14] PIANOSI F, WAGENER T. A simple and efficient method for global sensitivity analysis based oncumulative distribution functions[J]. Environmental Modelling and Software, 2015(67): 1-11.
[15] 葛修润．岩石疲劳破坏的变形控制律、岩土力学试验的实时 X 射线 CT 扫描和边坡坝基抗滑稳定分析的新方法 [J]. 岩土工程学报，2008，30(1)：20.
[16] CHO S E. Probabilistic assessment of slope stability that considers the spatial variability of soil properties. Journal of geotechnical and geoenvironmental engineering, 2010, 136(7): 975-984.
[17] LI D Q, JIANG S H, CAO Z J, et al. A multiple response-surface method for slope reliability analysis considering spatial variability of soil properties[J]. Engineering Geology, 2015(187): 60-72.

第四章 饱和渗透系数空间变异下库岸滑坡渗流变形分析

第一节 白水河滑坡

一、滑坡概况

白水河滑坡位于秭归县—巴东县间的长江主干道南岸，距三峡大坝坝址 56 km，滑坡区总体地势南高北低（图 4–1），区内地形相对高差约 300 m，前缘高程约 70 m，其南北向长 600 m，东西向宽 700 m，滑坡体平均厚度约 30 m，体积约 1260×10^4 m^3。

白水河滑坡的纵向滑面呈折线状，其形态为后部陡高，前部缓低，中部滑面坡度在前后两滑面坡度之间；而滑坡的横向滑面为不规则平缓凹状形态，总体上呈东、西两侧略高、中间低。白水河滑坡具有两层滑带，浅层滑带为碎石土与碎裂岩的交界面，厚度为 0.9 ~ 3.13 m，埋深为 12.4 ~ 20.3 m；深层滑带为碎裂岩与含炭粉砂质泥岩的接触面，厚度为 0.6 ~ 1.5 m，埋深为 18.9 ~ 34.1 m。

白水河滑坡宏观变形迹象明显，变形主要集中在预警区内。自 2005 年开始，滑坡后部产生局部拉裂塌滑，到目前滑坡东侧、后缘裂缝基本贯通，西部有大量的拉裂缝，局部常有浅层破坏产生，主要影响因素为降水和库水[1]。

二、滑坡体饱和渗透系数空间变异规律

（一）地面核磁共振方法

SNMR 方法又称地面磁共振探测（surface nuclear magnetic resonance），该方法利用核磁感应系统（nuclear magnetic induction system）能够对一定深度范围内的地下水资源进行探测。由于水的作用，使滑坡体内的一些岩石物性，如导电性、导磁性、电化学活动性、弛豫性等物性参数存在明显的差异，在此基础上核磁感应系统通过对探测到的 SNMR 信号数据进行反演处理，获取滑坡区内的水文地质环境、滑动面的深度、地下各岩层的含水量及渗透系数变化等信息[2, 3]，如图 4–2 所示为 SNMR 方法在某测点对不同深度岩土体含水量和渗透系数的反演结果。

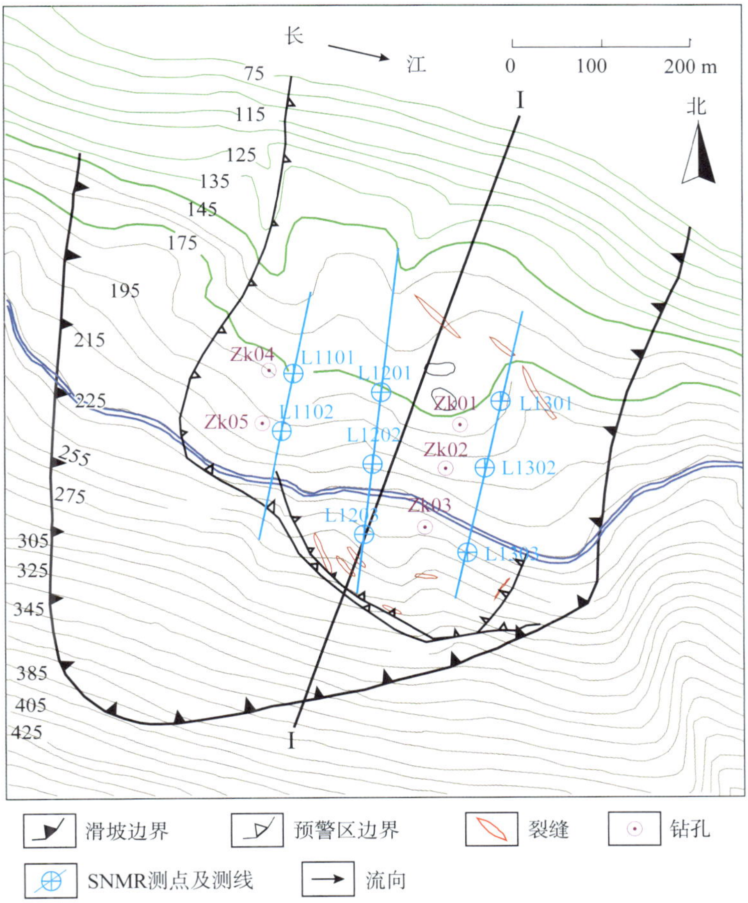

图 4-1　白水河滑坡平面及 SNMR 测点分布

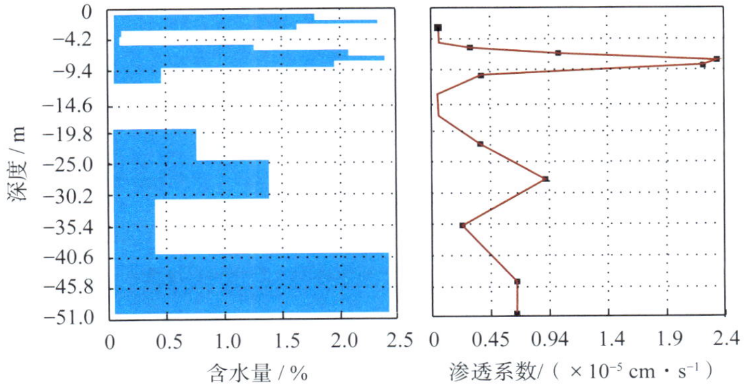

图 4-2　SNMR 方法在某测点的反演结果

（二）渗透系数的变异特征

三峡库区堆积层滑坡的滑坡体饱和渗透系数总体为 10^{-6} ~ 10^{-2} cm/s 量级范围变化[4]。本书选取白水河滑坡预警区内的 SNMR 有效测点（图 4–1）的多期次测量数据，不考虑渗透系数的时间变异性和基岩的渗透性，仅保留滑坡体区域的渗透系数，统计所有测点不同深度点的多期次测量数据，结果见表 4–1。

表 4–1　饱和渗透系数统计值

参数	最小值	最大值	均值	标准差	中位数	变异系数
渗透系数 / (cm · s^{-1})	5.44×10^{-7}	8.99×10^{-3}	6.35×10^{-4}	0.0013	1.76×10^{-4}	2.056

由渗透系数统计可知，白水河滑坡坡体的渗透系数总体上服从对数正态分布，范围为 5×10^{-7} ~ 9×10^{-3} cm/s，ln$k$ 近似服从正态分布（图 4–3）。

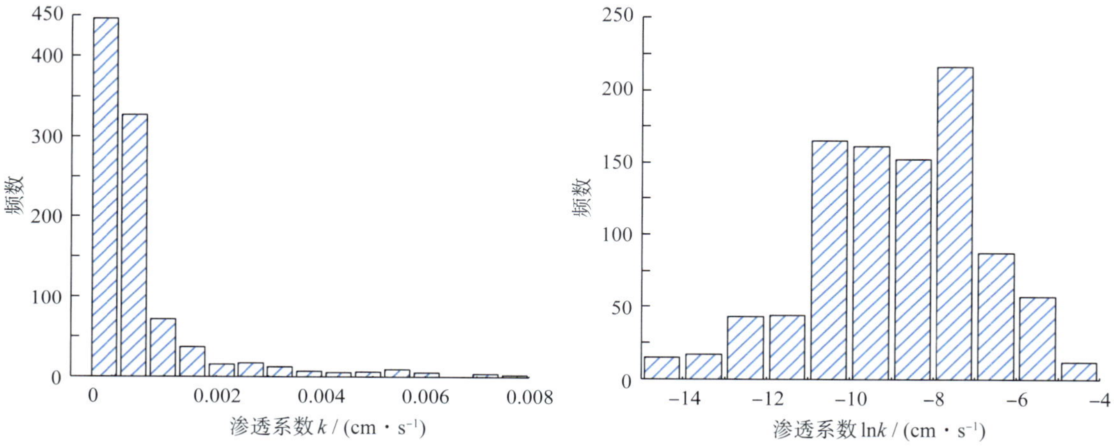

图 4–3　渗透系数直方图

为研究滑坡体渗透系数一、二阶矩随深度的变化情况，综合统计 8 个 SNMR 测点的 2012 至 2015 年的多期次测量数据，得到如图 4–4 所示的渗透系数均值和标准差随深度的变化特征。

渗透系数趋势图可知，总体上滑坡体的渗透系数呈随深度增加而减小的趋势，结合钻孔柱状图分析，滑坡 0 ~ 5.7 m 区域为表层耕植土及黏性土，含少量碎石，不同区域碎石含量及厚度不同，渗透系数波动程度较大；5 ~ 20 m 为碎石土，碎石岩性主要为灰白色、灰黑色泥质粉砂岩，碎石砾径以 2 ~ 10 cm 为主，土石比约为 7 : 3，孔隙性质随深度增加逐渐变差，渗透系数随深度增加变小；20 ~ 34 m 为碎裂岩，岩性为灰色泥质粉砂岩，较为破碎，多呈短柱状和砾状；34 m 以深为滑床部分，岩性为含炭质粉砂质泥岩，结构较致密，渗透性较差。其中埋深 12.4 ~ 20.3 m 和 18.9 ~ 34.1 m 区域为浅层和深层滑带的过渡区，渗透系数呈现先增大后陡减的趋势。

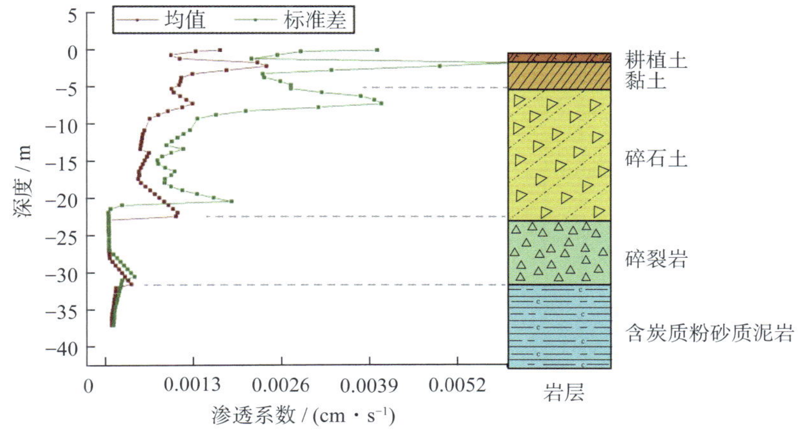

图 4–4　滑坡体渗透系数随深度变化趋势

（三）波动范围值

波动范围或相关距离是描述岩土体参数空间变异性的重要指标，其由岩土体的矿物成分、沉积条件与应力历史等方面决定的，是岩土体参数相关性的反映 [5]。随机场理论中的自相关函数法和地质统计学理论的半变异函数法都可求得相关距离 [6]，本书采用半变异函数法计算渗透系数竖直方向的相关距离。在计算相关距离时采用 L1201 测点的五次测量数据。由于每次测量的数据点较少，且 SNMR 方法在同一测点对渗透系数的测量深度不同，将五次测量中不同深度的数据投影到同一竖直方向，剔除相近深度附近数量级差别较大的渗透系数，得到如图 4–5 所示的渗透系数随深度变化，其具有一定的变化趋势，但与图 4–4 中多个测点计算得到变化趋势不尽相同，图 4–4 更具有代表性，后续非平稳随机场的模拟在图 4–4 中显示的趋势上建立的。

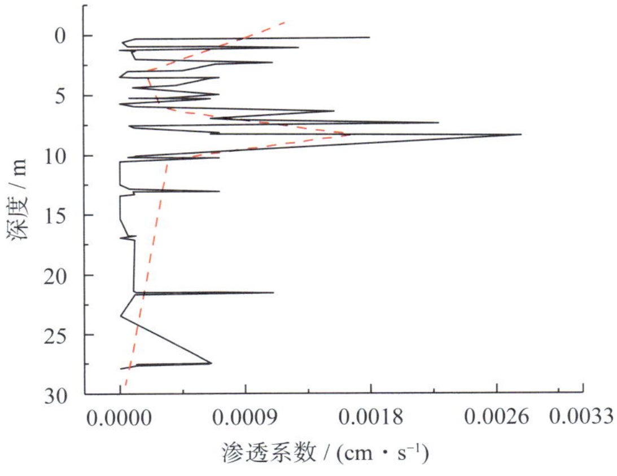

图 4–5　L1201 测点处的渗透系数随深度变化

自相关函数法和半变异函数法都应满足数据的平稳性假设，因此需要进行去趋势化处理。采用分段线性函数提取图 4–5 的趋势函数，提取处理后的数据如图 4–6 所示，曲线围绕水平轴上下波动，在此基础上进行相关函数的计算与拟合。

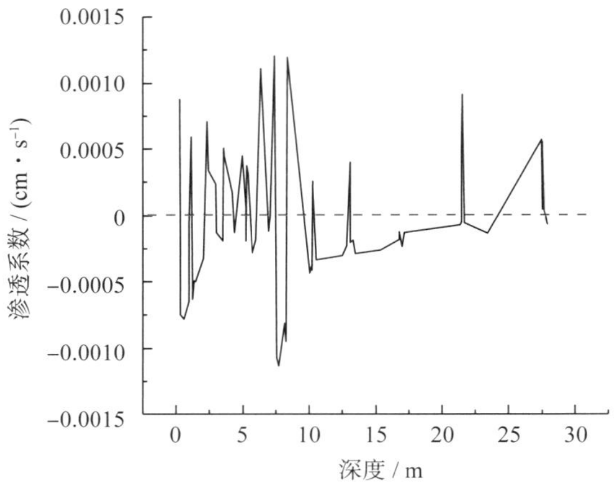

图 4–6　处理后的渗透系数变化数据

地质统计学中试验变异函数通过“变程”反映区域化变量的影响范围。试验变异函数的计算公式为

$$\gamma^*(h) = \frac{1}{2N(h)} \sum_{i=1}^{N(h)} [Z(x_i) - Z(x_{i+h})]^2 \qquad (4\text{–}1)$$

式中：$\gamma^*(h)$ 为试验变异函数；h 为采样点间距；$N(h)$ 为采样间距为 h 时的样本对数；$Z(x_i)$ 与 $Z(x_{i+h})$ 分别为采样位置是 x_i，x_{i+1} 的样本。

为求得相关距离，常采用高斯模型、指数模型、球状模型等理论变异函数模型来拟合试验变异函数曲线，其中以球状模型应用最为广泛，其一般公式如下：

$$\gamma(h) = \begin{cases} C_0 & h = 0 \\ C_0 + C\left(\dfrac{3h}{2a} - \dfrac{h^3}{2a^3}\right) & 0 < h \leqslant a \\ C_0 + C & h > a \end{cases} \qquad (4\text{–}2)$$

式中：C_0 为块金常数；C 为拱高；$C_0 + C$ 为基台值；α 为变程，即随机场中的相关距离。采用地学统计软件 GS+ 来确定最优的拟合模型并计算相关距离，如图 4–7 所示为试验变异函数散点图与理论变异函数模型拟合曲线，确定其变程为 $\alpha = 2.72$，竖直波动范围是 4.8 m。并根据已有研究结果 [5]，水平波动范围一般取为竖直波动范围的 10 倍。

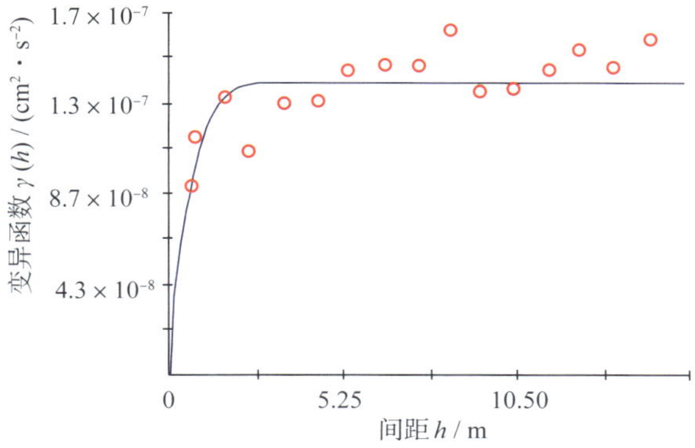

图 4-7 试验变异函数散点图

第二节 数值模型与边界条件

根据白水河滑坡 I－I 剖面，建立如图 4-8 所示的有限元模型，滑坡体模型采用孔压 / 位移耦合的 CPE4RP 四节点平面应变单元，共划分 2131 个四边形单元，2340 个节点。采用理想弹塑性本构和摩尔库仑破坏准则，模型底部约束竖直位移和水平位移，滑面视为不透水边界，滑坡前缘库水位以下部分为水头边界，水位以上为自由溢出边界。

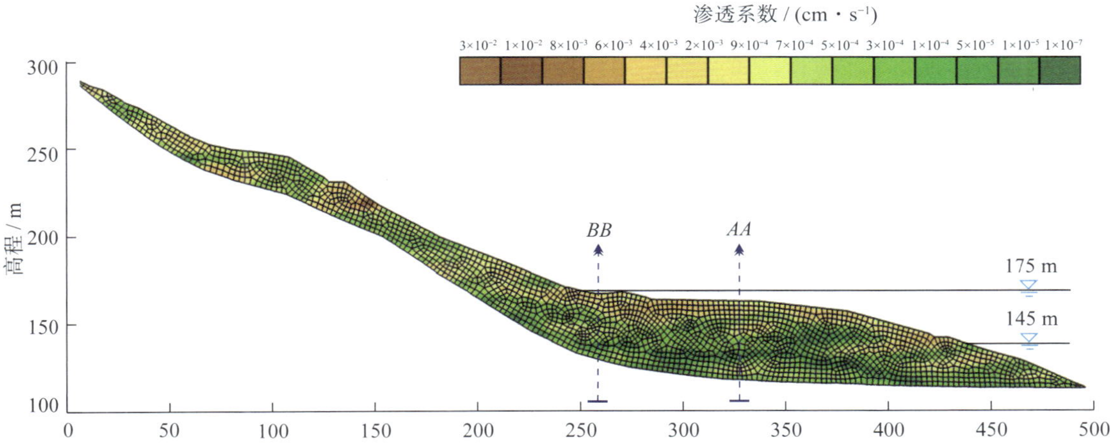

图 4-8 白水河滑坡有限元模型及渗透系数随机场的一次实现

根据白水河勘察报告和已有研究结果[7]确定有限元模型的材料参数。部分材料参数见表 4-2，其中确定性模型和不确定性模型取值相同，而对于渗透系数，确定性模型采用表 4-1 中的渗透系数均值 6.35×10^{-4} cm/s，不确定性模型利用表 4-3 的统计值按照前文所述的步骤生成渗透系数非平稳随机场。

表 4–2　物理力学参数

参数	容重 $(kN \cdot m^{-3})$	弹性模量 MPa	黏聚力 kPa	摩擦角 (°)	泊松比	饱和含水率 %	残余含水率 %	VG 模型拟合参数 (α_s) kPa^{-1}	VG 模型拟合参数 (η_s)
滑坡体	20.7	36.5	32.4	18	0.32	43	2	0.233	1.255

在 ABAQUS 的渗流应力耦合中，稳态分析步的作用相当于进行初始应力平衡，首先计算在自重条件下白水河滑坡的初始应力状态，后续利用 ABAQUS 子程序模块开展一定速率的库水升降变化模拟。

表 4–3　渗透系数随机场统计特征值

参数	数值
$\mu_{k0}/(cm \cdot s^{-1})$	1.56×10^{-3}
$\sigma_{k0}/(cm \cdot s^{-1})$	3.7×10^{-3}
*b_1，b_2，b_3，b_4，b_5，b_6，b_7，b_8，b_9，$b_{10}/(cm \cdot s^{-1})$	-1.083×10^{-3}，9.302×10^{-4}，-4.632×10^{-4}，1.557×10^{-4}，-3.155×10^{-4}，-2.08×10^{-5}，1.28×10^{-4}，1.628×10^{-6}，8.028×10^{-5}，-1.296×10^{-5}
δ_v/m	4.8
δ_h/m	48

注：*为渗透系数沿深度的分段线性趋势函数 $b(y)$ 的系数，线性函数不同分段点的深度分别为 0.67、2.19、5.21、7.24、9.26、17.34、21.90、27.45、31.50（单位为 m）。

为了探究库水升降条件下白水河滑坡不确定性模型与确定性模型的渗流变形特征，开展以下两种工况模拟：库水以 1 m/d 的速率从 145 m 上升至 175 m；库水先以 0.6 m/d 的速率从 175 m 下降至 145 m，之后水位稳定在 145 m 30 天。其中确定性模型进行一次模拟，不确定性模型进行 1000 次模拟，通过 ABAQUS 处理后模块批量提取不确定性模型的 1000 次计算结果，分析白水河滑坡在库水升降作用下孔隙水压力与位移变形两方面的变化特征。

第三节　滑坡渗流场变化特征

一、库水位上升阶段

为了探究不确定性模型在库水上升至 175 m 时刻的渗流场特征，以 175 m 水位时模型各节点的孔压均值表征不确定性模型的渗流场（图 4–9）。图 4–9 中红色虚线为不确定性模型的浸润线，黑色实线是确定性模型浸润线。可以看出确定性模型与不确定性模型的浸润线呈下凹状，但不确定性模型的浸润线低于确定性模型，表现为靠近坡面曲线更为缓长。在库水上升过程中，水流经坡表向滑坡体内部渗透，由于不同部位的渗透压强与入渗距离不同，造成不同部位的库水补给速率不同和地下水抬升差异，最终两模型的地下水位线均呈下凹形。同时相比于确定性模型，不确定性模型孔压改变的滞后性更明显，即库水上升时，不确定性模型地下水位线的内凹趋势更明显，且其他等值线也有拉长的趋势。

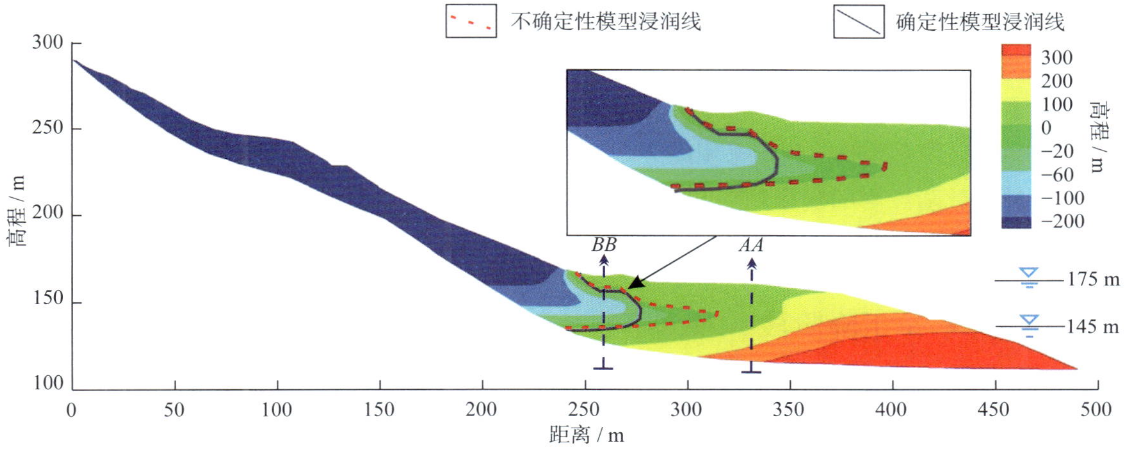

图 4-9　不确定性模型孔压均值和浸润线波动范围（175 m 水位时刻）

选取 *AA*、*BB* 两个剖面分析模型的孔压随深度变化情况，从图 4-10（a）、（b）可以看出，两个剖面中的孔压均值曲线与确定性模型孔压曲线均处于最值曲线之间。在滑坡同一深度

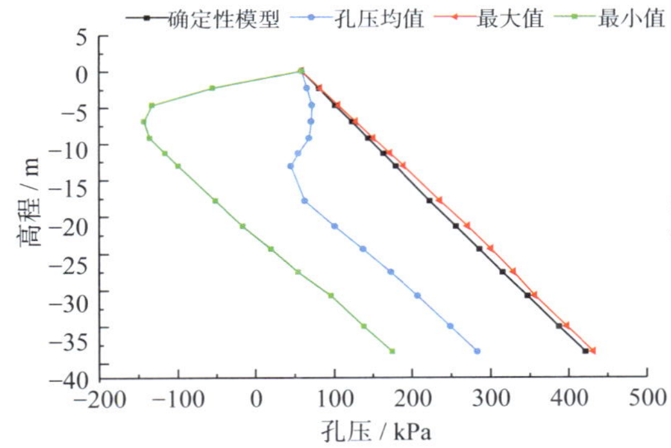

（a）*AA* 剖面

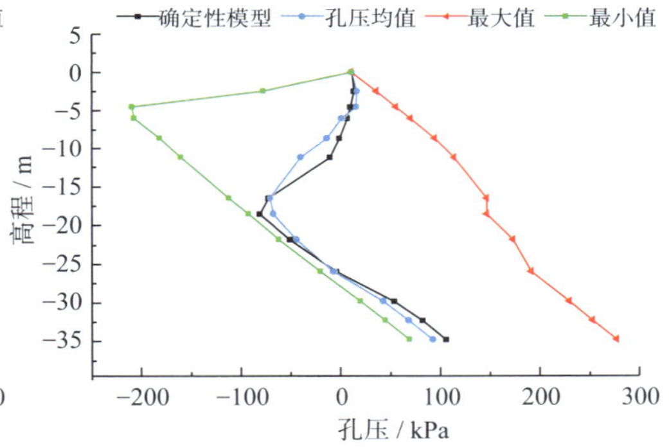

（b）*BB* 剖面

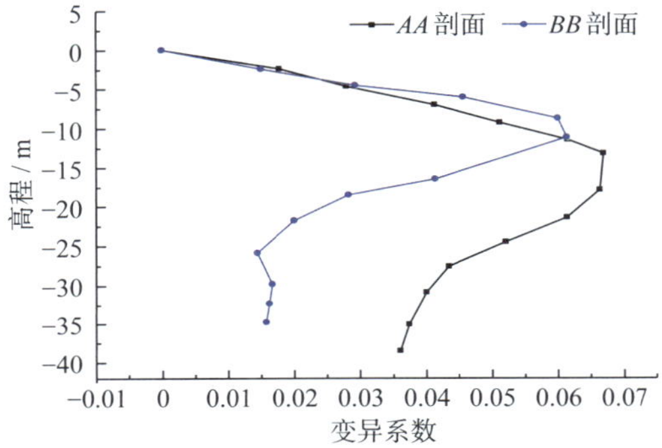

（c）*AA*、*BB* 剖面

图 4-10　*AA* 剖面与 *BB* 剖面孔压分布（175 m 水位时刻）

处，*AA* 剖面中确定性模型的孔压值大于不确定性模型的孔压均值，差值为 0 ~ 160 kPa，而 *BB* 剖面的确定性模型孔压值与孔压均值相差较小，为 −14 ~ 28 kPa。总之，库水上升过程中，从滑坡前缘到后部 175 m 区域，不确定性模型的均值孔压与确定性模型孔压的差值逐渐减小，即不确定性模型的地下水上升速率较确定性模型更为缓慢、滞后。

为了探究随机模拟中 *AA*、*BB* 两个剖面的孔压波动程度，将 1000 次模拟的节点孔压归一化（后续变异系数的计算均采用此方法）如图 4–10（c）所示。可见 *AA*、*BB* 两个剖面中孔压变异系数随深度的变化趋势基本相同，从坡表到滑面呈先增大后减小的趋势。孔压变异系数较大的区域主要分布在浸润线附近。

二、库水位下降阶段

同库水上升工况，以库水降至 145 m 水位时刻各节点的孔压均值表征不确定性模型的渗流场（图 4–11）。由图得知，确定性模型和不确定性模型的浸润线没有完全重合，浸润线整体呈上凸状，其中在靠近浸润线后部，不确定性模型的浸润线要高于确定性模型，呈平缓状；中部区域两条线基本重合，靠近滑坡前缘，浸润线陡降呈下弯状，且不确定性模型的部分浸润线要略高于确定性模型。在库水下降过程中，因滑坡前后部位的地下水排泄速率不同，相比于库水下降不同部位的地下水下降滞后期不同，使地下水位线整体呈外凸状。以上也间接说明了白水河滑坡属于弱透水性滑坡。从 *AA*、*BB* 剖面的孔压随深度变化曲线 [图 4–12（a）、（b）]，可以看出孔压均值曲线与确定性模型孔压曲线基本重合，且 *AA*、*BB* 剖面位于图 4–11 中浸润线的中部区域。总之，库水下降期间，相比于确定性模型，不确定性模型的地下水排泄更缓慢，导致不确定性模型的后部孔压大于确定性模型，其后部地下水位下降更滞后，中部相差不大，前部略有差别，由此可见不确定性模型的整体渗透性较差。

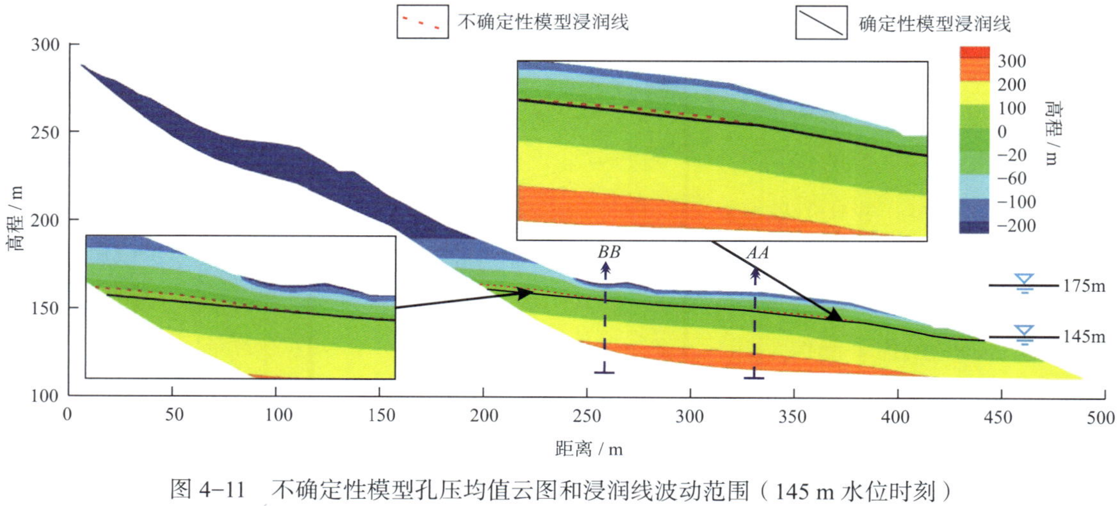

图 4–11　不确定性模型孔压均值云图和浸润线波动范围（145 m 水位时刻）

从图 4-12（c）可以看出，*AA* 与 *BB* 剖面中孔压变异系数随深度的变化趋势相同，在 3 ~ 10 m 深度处，即浸润线附近，孔压的变异系数较大。

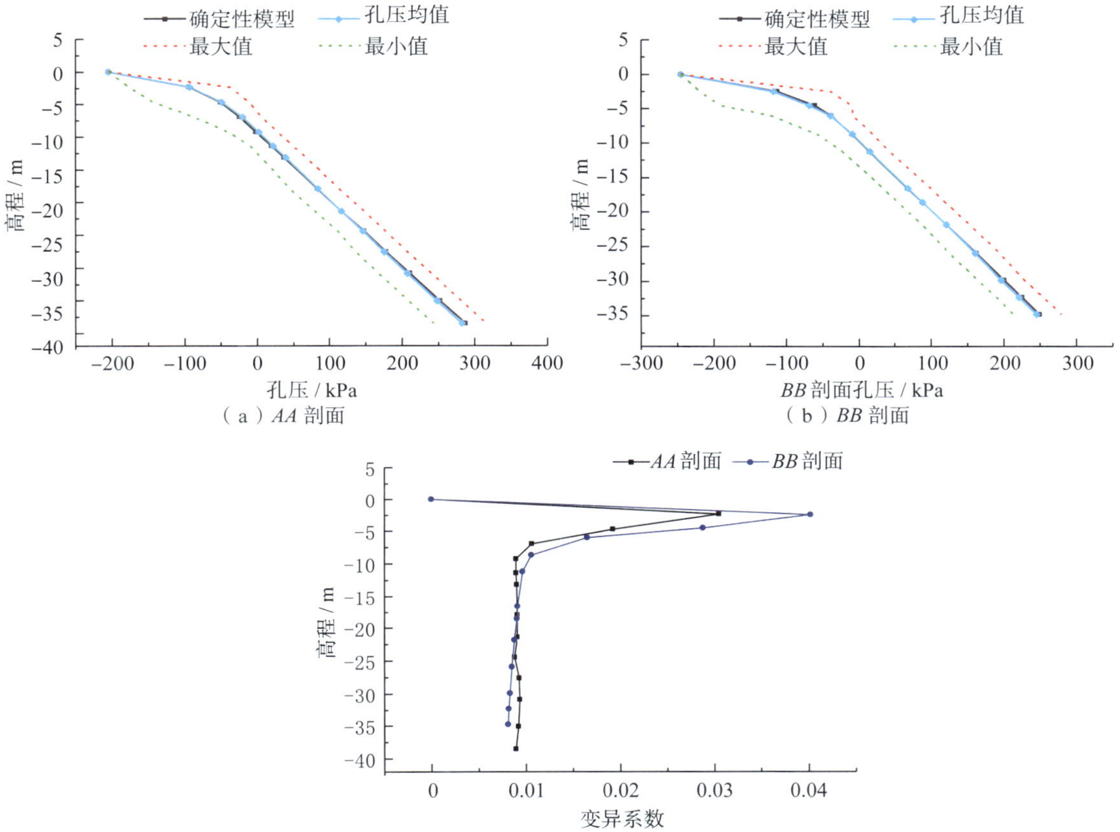

（a）*AA* 剖面　（b）*BB* 剖面

（c）*AA*、*BB* 剖面

图 4-12　*AA* 剖面与 *BB* 剖面孔压分布（145 m 水位）

渗透特性是影响渗流场变化的主要因素 [8]，确定性模型各部位的渗透系数是一样的，在相同水力梯度下其渗透能力是相同的。而对于不确定性模型，其渗透系数具有明显的空间差异性，其生成的渗透系数均值和标准差随深度变化趋势与前文分析得到的渗透系数变化趋势相同。即在滑坡 0 ~ 20 m 深度范围内，属于碎石土区域，该区域渗透系数的均值和标准差较大，其渗透性较好，20 m 以后属于碎裂岩，渗透性较差。本书建立的不确定性模型渗透系数随深度呈减小的趋势，渗透系数的差异性会导致库水的补给与地下水的排泄速率在各个部位不同，总体表现为不确定性模型孔压改变的滞后性比确定性模型更明显。

第四节　滑坡变形稳定性特征

从图 4–13（a）、（b）可以看出，库水上升至 175 m 时，两剖面中确定性模型的位移曲线和不确定性模型的位移均值曲线处于最值曲线之间，且曲线随深度的变化趋势相同。在 1000 次随机模拟中，不确定性模型在 *AA* 剖面处的位移正负都有，表示不确定性模型在此处既有指向坡外也有指向坡体内部的位移变形，但其位移均值小于 0，说明不确定性模型在该剖面处的整体运动方向是指向坡内的；而在 *BB* 剖面处的位移都为正，表示此处有指向坡体外部的运动特征。

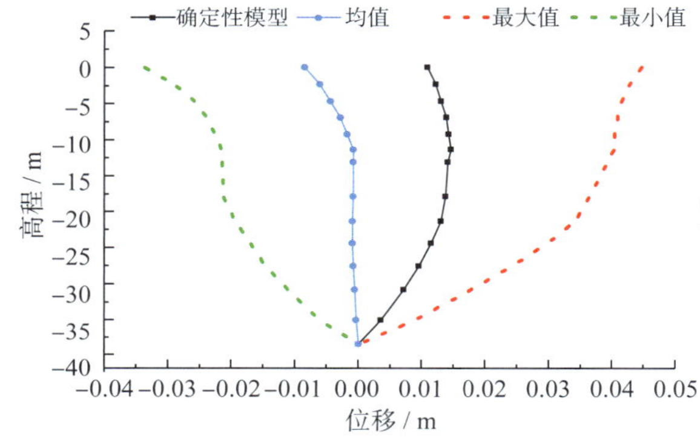

（a）*AA* 剖面

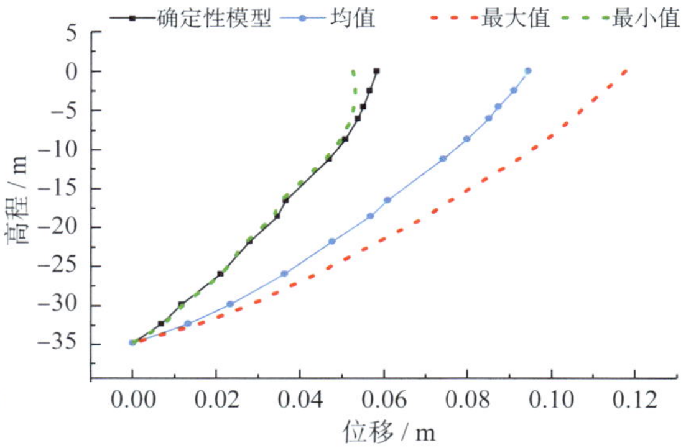

（b）*BB* 剖面

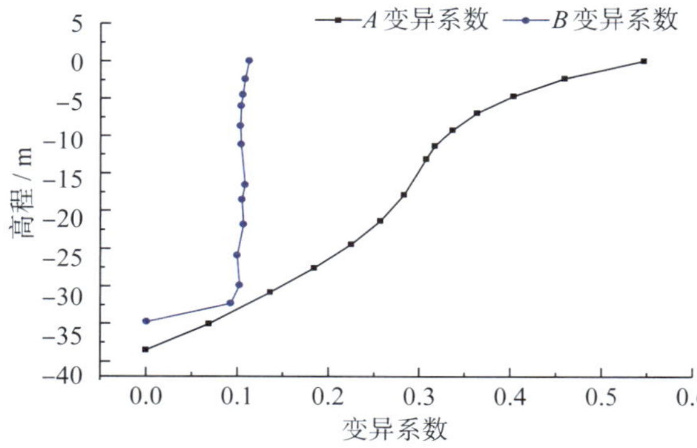

（c）*AA*、*BB* 剖面

图 4–13　*AA* 剖面与 *BB* 剖面位移分布（175m 水位）

从位移数据的波动程度来看，*AA* 剖面处的位移变异系数随深度呈逐渐减小的趋势 [图 4–13（c）]，滑坡体浅层区域的位移数据离散程度较大；而 *BB* 剖面处的位移变异系数相对较小，且趋势变化并不明显。对于确定性模型，*AA* 与 *BB* 剖面处的位移均大于 0，且 *BB* 剖面的位移大于 *AA* 剖面。总之，无论是确定性模型还是不确定性模型，库水上升对滑坡不同部位的变形影响不同。在 *AA* 剖面附近，具有指向坡体内部的运动趋势，而靠近滑坡 175 m

高程附近，有向坡体外部的运动趋势，而不确定性模型会放大这两种运动趋势。

在库水上升期间，不仅会形成垂直于坡表的水压力，还会因库水难以渗入坡体而形成指向坡体内部的渗透压力，导致抗滑力的增大，减小坡体前缘部位的下滑位移[8, 9]。对于不确定性模型，其地下水的上升速率比确定性模型缓慢，会在滑坡前缘形成更高的指向坡体内部的动水压力，因此在不确定性模型的随机模拟中 *AA* 剖面处会出现负值位移，且总体均值位移也为负值。对于 *BB* 剖面处位移的增大，可能是因为滑坡 175 m 附近孔压等值线呈更缓更长的内凹状，使该部位形成更大的指向内部的渗透压力，导致该部位的位移增大。

由 *AA* 与 *BB* 剖面的位移随深度变化曲线 [图 4–14（a)、(b）] 可知，库水下降至 145 m 时，同一深度处不确定性模型的位移最值与均值都要大于确定性模型的位移，且这种差值会随深度的增加而减小。

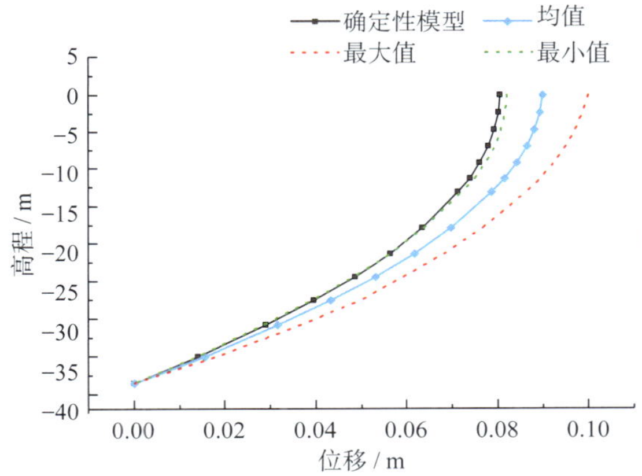

（a）*AA* 剖面

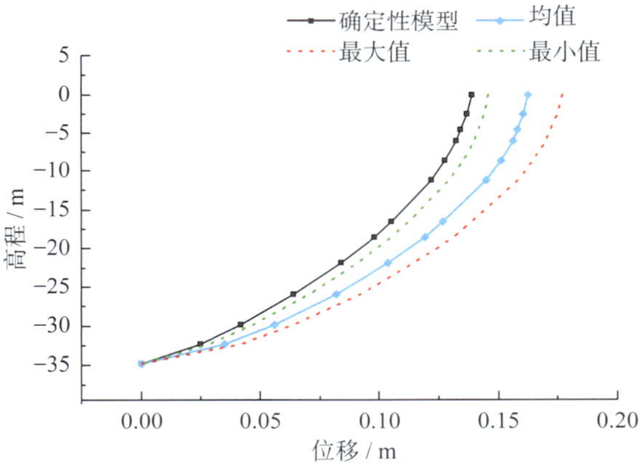

（b）*BB* 剖面

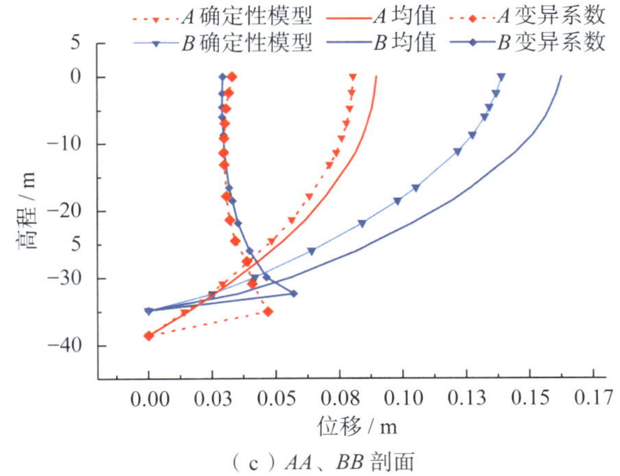

（c）*AA*、*BB* 剖面

图 4–14　*AA* 剖面与 *BB* 剖面位移分布（145m 水位）

从图 4–14（c）可以看出，两剖面处位移变异系数的趋势和大小基本相同，表现为靠近滑面区域的变异性较大，而且在 0 ～ 30 m 深度，*AA* 剖面处不确定性模型的位移与确定性模型的位移均大于 *BB* 剖面。总之，库水下降后，不确定性模型的位移大于确定性模型，而两模型在坡表浅层区域的位移大于深部的位移，且 *BB* 剖面的位移大于 *AA* 剖面的位移。在库水下降期间，地下水的排泄较库水下降缓慢，会形成指向坡外的水头差，不利于坡体稳定。由于不确定性模型地下水位的滞后比确定性模型更明显，会形成更大的水力梯度，增大滑坡的整体变形。

本章深入探讨了确定性模型和不确定性模型在库水升降两种工况下的渗流、位移变形及其差异特征。主要结果表明：相比于确定性模型，不确定性模型孔压的增大或减小较为缓慢，且不确定性模型会增大确定性模型在不同部位向坡内或坡外的位移变形；若忽略了滑坡体渗透系数的非平稳变异特征将会低估关键部位的变形。

相比于确定性模型计算得到的一次渗流变形结果，由于渗透系数的随机性和随深度的非平稳变化特征，不确定性模型分析的结果可以给出滑坡渗流变形的多种情况，以便研究者对滑坡的变形稳定状态有更宏观的把控；且在每一次不确定性模型的实现中，渗透系数空间变异场具有随深度变化的特征，较为切合实际。

参考文献

[1] 卢书强，易庆林，易武，等 . 库水下降作用下滑坡动态变形机理分析——以三峡库区白水河滑坡为例 [J]. 工程地质学报，2014，22(5)：869–875.

[2] 唐辉明，章广成 . 库水位下降条件下斜坡稳定性研究 [J]. 岩土力学，2005，26(S2)：11–15.

[3] 胡新丽，唐辉明，严春杰，等 . 核磁共振在滑坡研究中的应用技术 [J]. 岩土力学，2002，23(S1)：17–19.

[4] 刘文平，张利民，郑颖人，等 . 三峡库区重庆段滑坡体抗剪及渗透参数研究 [J]. 地下空间与工程学报，2009，5(1)：45–49.

[5] 吴振君 . 土体参数空间变异性模拟和土坡可靠度分析方法应用研究 [D]. 武汉：中国科学院武汉岩土力学研究所，2009.

[6] ONYEJEKWE S, KANG X, GE L. Evaluation of the scale of fluctuation of geotechnical parameters by autocorrelation function and semivariogram function[J]. Engineering geology, 2016(214): 43–49.

[7] MIAO F, WU Y, XIE Y, et al. Research on progressive failure process of Baishuihe landslide based on Monte Carlo model[J]. Stochastic environmental research and risk assessment, 2017, 31(7): 1683–1696.

[8] 宋琨，晏鄂川，朱大鹏，等 . 基于滑体渗透性与库水变动的滑坡稳定性变化规律研究 [J]. 岩土力学，2011，32(9)：2798–2802.

[9] 苗发盛，吴益平，谢媛华，等 . 水位升降条件下牵引式滑坡离心模型试验 [J]. 岩土力学，2018，39(2)：605–613.

第五章　监测数据驱动下库岸滑坡的岩土体参数反演更新

第一节　塘角滑坡

一、滑坡地质概况

塘角滑坡位于重庆市东北部的万州区，三峡库区核心地带（图 5-1）。东接云阳县，南临石柱土家族自治县，西与忠县相邻，北靠开州区。该滑坡属于侵蚀堆积河谷低山丘陵地貌，如图 5-2 所示为基于塘角滑坡视角的地貌单元。由于地壳抬升和长江河道下切，形成了“U”形河谷、河漫滩和多级河流阶地。

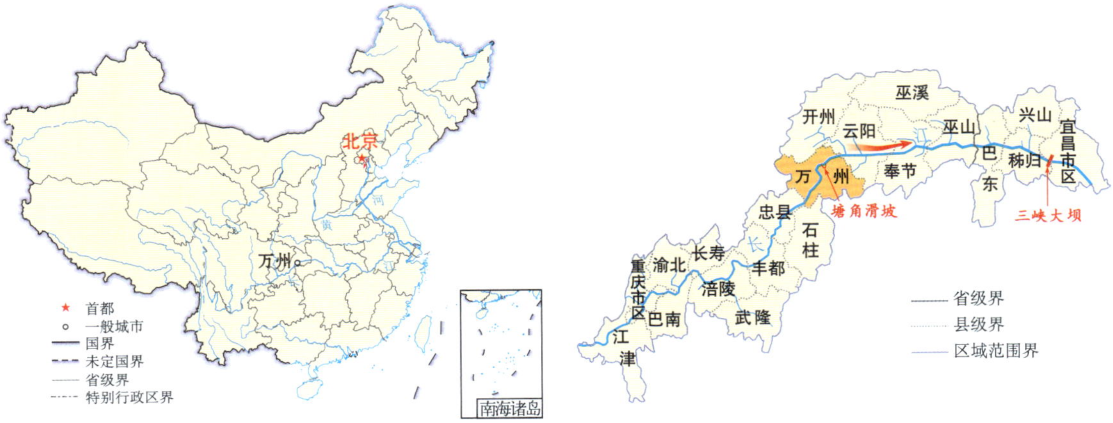

图 5-1　万州区地理位置

高程为 400 ~ 600 m 时可见河谷斜坡地貌，地形坡度一般为 10° ~ 20°，部分区域的斜坡地形呈阶梯状。在砂岩段通常为陡坡或陡崖，泥岩段则为缓坡台地，这种地形变化是砂质泥岩岩性、水平岩层产状和地质构造的综合结果。塘角滑坡地处万州复向斜近轴部，北临铁峰山背斜，南靠方斗山背斜；万州复向斜由万州向斜、黄柏溪向斜及新场背斜呈雁行式排列组成。

图 5-2　滑坡区域地形地貌影像

塘角滑坡位于长江右岸（图 5-3），位于万州区陈家坝街道的晒网村。村中有三条东西走向的公路穿过滑坡，现有建筑主要分布在一、二级平台。人类活动主要为耕地、林业、水塘和修路建房。塘角滑坡的平面形态呈圈椅型，后缘呈弧形，前部稍宽。滑坡左右边界为 340° ~ 360° 走向的冲沟，冲沟径流条件较好。滑坡前缘剪出口多为上覆堆积体和基岩的交界面，部分区域剪出口位于堆积体内部。滑坡后缘位于陡崖之下，高程为 340 m 左右。

图 5-3　塘角滑坡影像图

如图 5-4 所示为塘角滑坡的工程地质平面图，主要滑动方向为 179° 或 1°。东西纵长约为 1270 m，南北横长约为 946 m；平面面积约为 1.34×10^6 m^2，滑坡体的平均厚度为 20 ~ 30 m，滑坡体积约为 2.67×10^7 m^3。图 5-5 为主滑方向对应的滑坡剖面，剖面形态呈三级阶梯状。一、二级平台位于滑坡后部，其坡度较缓，为 3° ~ 9°，一级平台高程为 270 ~ 320 m，二级平台为 250 ~ 265 m。三级平台位于滑坡前缘，坡度为 15° ~ 35°，高程为 185 ~ 220 m。各级平台交界处存在 20 ~ 30 m 陡坡，坡度为 20° ~ 35°。

塘角滑坡为大型堆积层滑坡，滑坡体由第四系残坡积物、崩滑堆积物以及河流沉积物

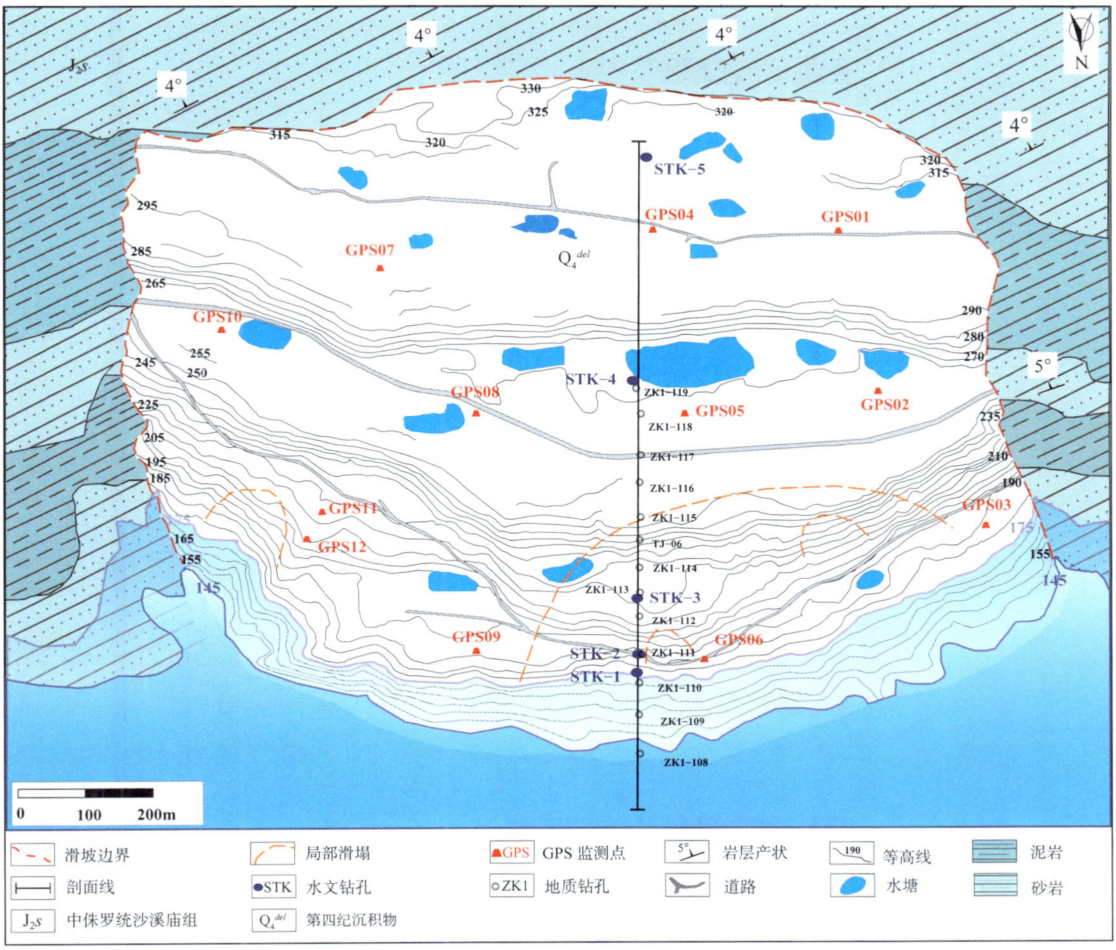

图 5-4　塘角滑坡平面图

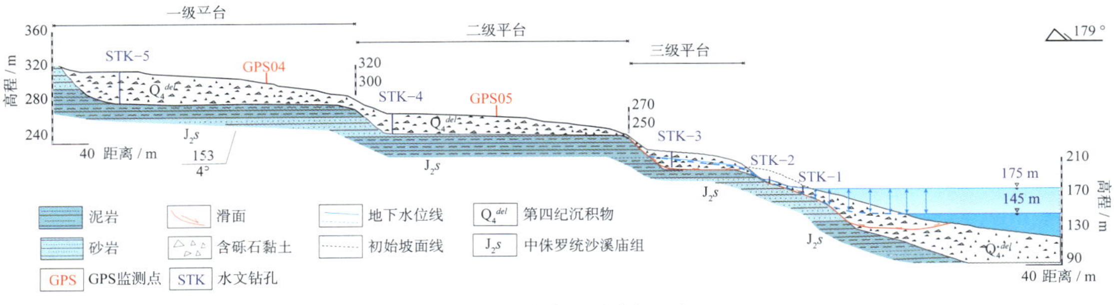

图 5-5　塘角滑坡剖面图

组成。如图 5-6 所示为主滑剖面上不同位置的地层钻孔柱状图，滑坡钻孔揭露滑坡体土的主要类型为粉质黏土。根据粉质黏土所夹泥岩质角砾和砂岩块石粒径的不同，滑坡体土可分为粉质黏土夹角砾、碎石土和块石土。其中砂岩碎块石的粒径为 20 ~ 450 mm，外形为

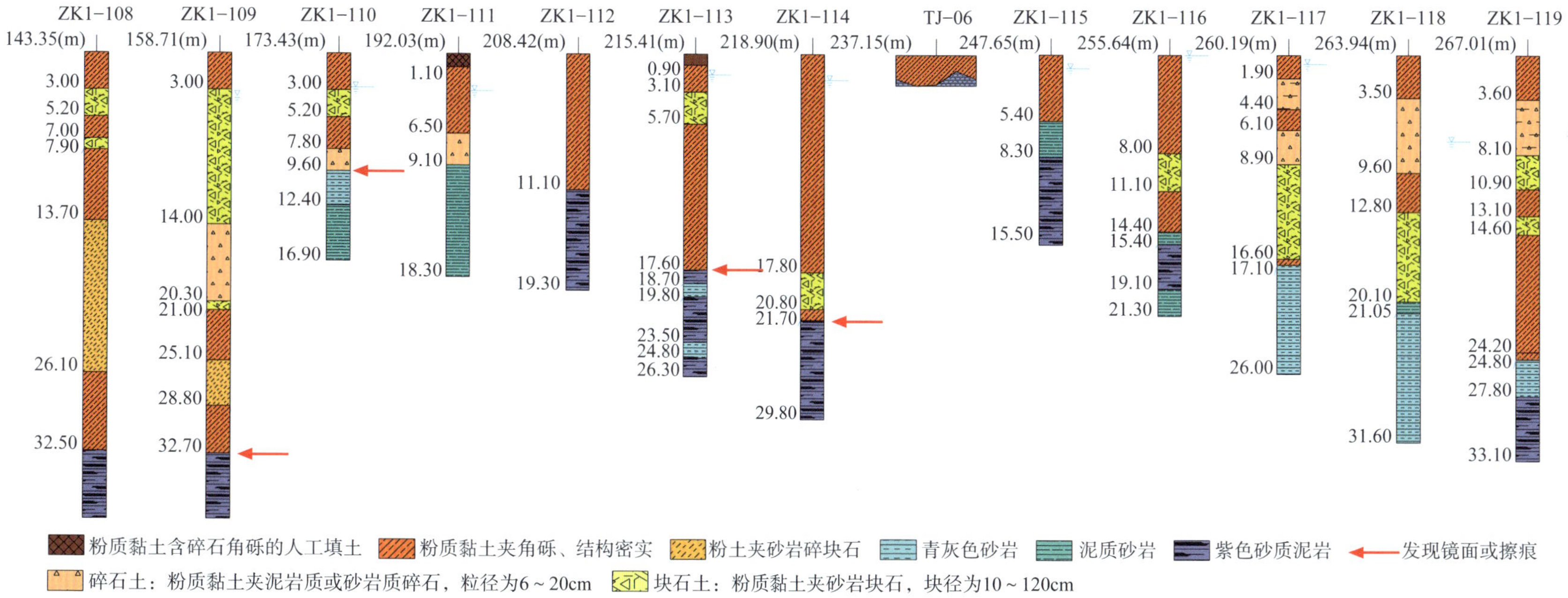

图 5-6　主滑剖面上的地层钻孔柱状图

棱角状–次棱角状，风化程度为强风化–中风化；泥岩的角砾粒径一般为 2 ~ 20 mm，外形多为棱角状–次棱角状，为强风化。

滑坡体中分布最多的土体为粉质黏土夹角砾，由粉质黏土含角砾组成的人工填土分布在滑坡局部浅表层，另外仅在滑坡前缘深层分布着粉土。如图 5-7 所示为滑坡前缘上的开挖剖面，高程为 200 ~ 210 m，可见滑坡体颜色有黄褐色、褐红色和棕褐色。相比于滑坡前缘，滑坡中后部出现碎石土和块石土的情况更多。复杂的岩土体沉积和历史堆积环境决定了滑坡体物质组成和岩土体结构是存在差异的。滑坡基岩由中侏罗统沙溪庙组的泥岩及砂岩不等厚互层组成。泥岩多为紫红色，泥质结构，中厚层状构造，强风化层质软，抗风化能力弱。砂岩主要为浅黄色或灰白色，粉粒或中–细粒结构，主要成分为石英、长石，泥质或钙质胶结，中厚层状构造。

图 5-7 滑坡体剖面

根据滑坡现场钻探和槽探等勘察结果，堆积体和基岩交界处有镜面或擦痕迹象。另外，多个测斜钻孔监测的深部位移在基覆界面处存在突变现象，由此可以判断滑面主要为上覆堆积体和基岩的交界面。滑坡中后部两级平台的滑面主要为基覆界面，滑面角度平缓接近于零，而前缘滑坡体的一些滑面位于滑坡体内部。滑带的物质组成和上覆堆积体的基本相似，但由于类似剪切和揉搓等作用，滑带的黏粒含量相对较高，碎石的磨圆度较好，风化程度高。

塘角滑坡的地表水资源丰富，地表水来源于坡内地下水和降水。地表水的水量随季节变化明显，尤其是强降水季节地表水以坡面流的形式汇集后注入长江。滑坡区内发育有多条冲沟，部分冲沟常年流水。由滑坡工程地质平面图可知，滑坡上还存在十几个大小不一的水塘。

塘角滑坡地下水主要由堆积体中的第四系松散层孔隙水和基岩中的风化裂隙水组成。

滑坡地下水位与补给水源的流量、岩土体的导水能力和排泄的源头条件等关系密切。水源补给和排泄条件的确定至关重要，其反映了滑坡力学模型和数值模型的水头边界。塘角滑坡地下水可以接受来自降水、坡表水系（水塘、生活水）和长江水的补给，其中水塘可成为局部地下水的补给和排泄源头，进而影响滑坡地下水位的变化。根据主滑剖面上部分钻孔所揭露的 24 h 稳定水位，可确定滑坡的地下水位线如图 5-5 所示。

塘角滑坡为库岸涉水滑坡，地表水和地下水最终均以长江水位为排泄基准面。排泄基准面的高程随着长江水位的升降而变化，因此滑坡前缘区域的地下水位会受到库水波动的影响，如图 5-8 所示。以粉质黏土夹碎石为主的堆积体与基岩的渗透能力是显著不同的。坡体内的地下水会受到坡表水源的垂向补给和基岩裂隙水的侧向补给，沿着近乎水平的基岩顶板向前缘流动，在滑坡体前部、基岩露头处、左右边界冲沟、低洼地带及长江流域形成自然排泄。由钻孔揭露的岩土体类型可知，堆积体内部碎石、角砾和土体颗粒的粒径大小和含量是有差异的，这也决定了堆积体内部岩土体的渗透系数等参数存在着空间变异性。

图 5-8　三峡库区库水波动带实景图

二、滑坡变形特征

塘角滑坡的宏观变形表明滑坡前缘中部为主要变形区。多条裂缝、局部滑落和垮塌发生在库水波动带以及次级滑坡体附近。另外两级平台之间的陡坡地带容易发生多处滑塌，较陡的地形为浅层滑塌提供了条件，陡坡上的浅层滑动多发生在连续强降水后。

塘角滑坡共有 12 个 GPS 地表位移点。其中 GPS03、GPS06、GPS09、GPS11 和 GPS12 位于第三级平台以及滑坡前缘区域；GPS02、GPS05、GPS08 和 GPS10 位于滑坡中部二级平台区域；GPS01、GPS04 和 GPS07 位于滑坡后缘的一级平台区域。除 GPS01 外，其他 GPS 点开展了长周期的地表位移监测工作，2007 年 3 月至 2016 年 11 月的水平地表累积位移如图 5-9 和图 5-10 所示。

根据水平地表累积位移的幅度和分布区域，这里将位移点大致分为三类。一类是累积总位移超过 20000 mm 的 GPS06，最大平均月位移速率可达到 95.48 mm/ 月（图 5-10）；另

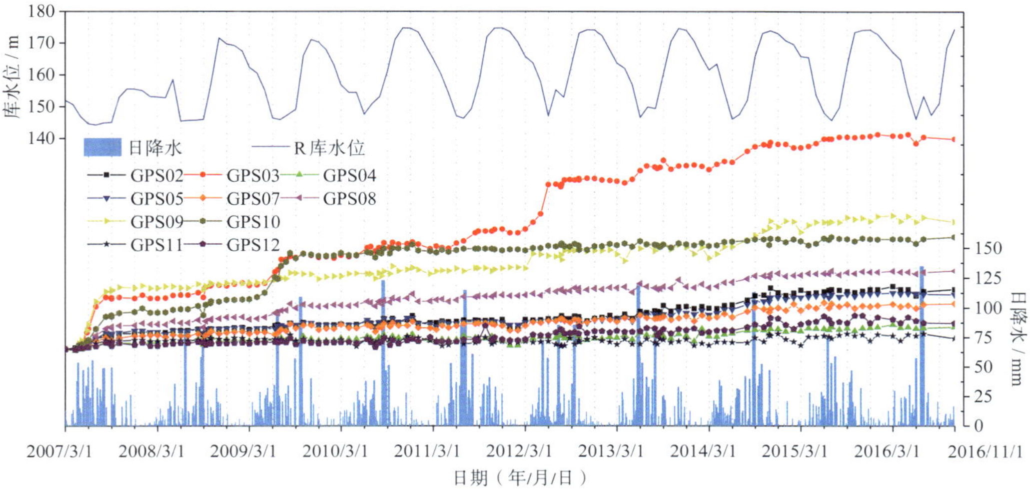

图 5-9 GPS 地表位移点水平地表累积位移 -1

一类是累积总位移为 300 ~ 600 mm 的 GPS03、GPS09 和 GPS10；以上两类 GPS 点位于变形严重的滑坡前缘及右部边界区域。其他 GPS 点的累积总位移为 0 ~ 250 mm，位于滑坡后缘一级平台区域的 GPS04 和 GPS07 累积位移分别约为 60 mm 和 130 mm；位于滑坡中部二级平台区域的 GPS02、GPS05 和 GPS08 累积位移分别约为 170 mm、160 mm 和 220 mm；位于滑坡前缘的 GPS11 和 GPS12 累积位移分别约为 45 mm 和 75 mm，这两个测点所在区域的前缘剪出口有滑床基岩出露，岩土体性质相对稳定。总之，滑坡不同位置的 GPS 监测位移大小可以反映滑坡的宏观变形特征，其中滑坡前缘涉水区域的变形最为严重，其次是滑坡中部和后缘。

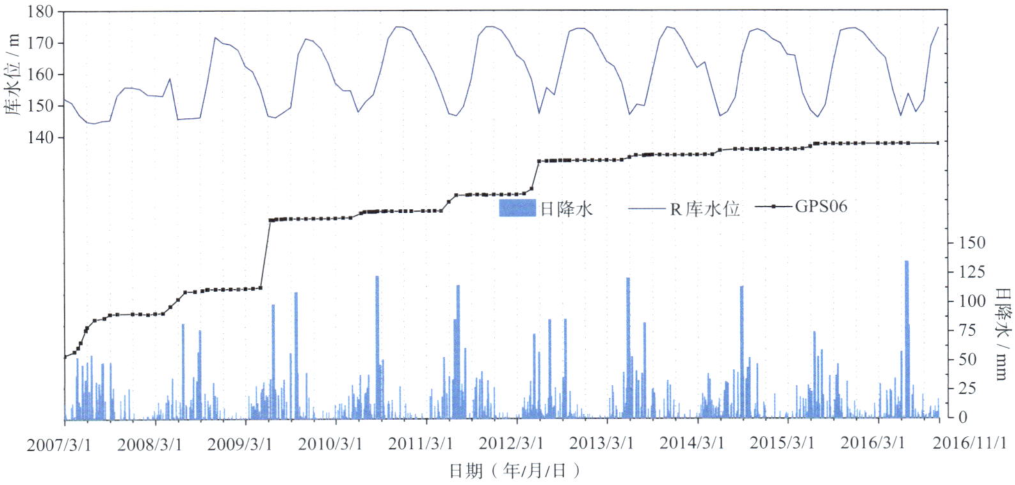

图 5-10 GPS06 水平地表累积位移 -2

采用最大信息系数（MIC）法开展地表位移和日降水、月库水位的相关性分析。MIC 方法[1]是在互信息基础上发展起来的，具有普适性、公平性和对称性。该方法可以大大减少数据清洗的麻烦，只要两组变量之间存在某种映射关系，就有 MIC = 1。反之，如果两个变量相互独立，则它们的 MIC 应该为 0，MIC 的取值范围为 0 ~ 1。

从滑坡地表位移与库水、降水的变化关系可以看出，只有位于滑坡前缘的 GPS03、GPS06 和 GPS09 在库水位下降阶段和强降水期间存在明显的位移阶跃特征。位移的阶跃是受到库水波动和降水的联合作用。对于其他 GPS 点，地表位移在每年的雨季缓慢增长。为了定量地研究地表位移与库水、降水的相关性，选取 2011—2013 年水文年的数据，计算了每个 GPS 点月位移与月库水位、月降水量间的 MIC 值，如图 5-11 所示。

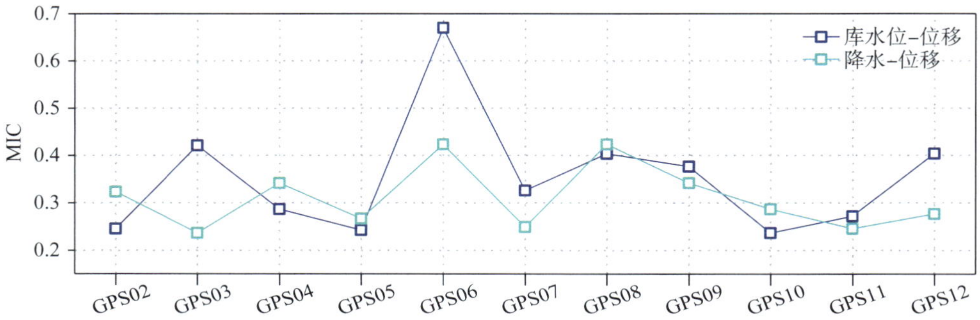

图 5-11　不同 GPS 监测点的 MIC

从 MIC 变化可以看出，对于库水位与位移之间的相关性，GPS06 的 MIC 值最大，GPS03、GPS09 和 GPS12 次之，且都保持在 0.4 左右。这表明相比于其他监测点，位于滑坡前缘区域监测点的地表位移与库水的相关性更大。同时也注意到对于 GPS06、GPS03、GPS09 和 GPS12，库水位与位移的 MIC 值要大于降水与位移的 MIC 值。表明相比于降水，库水对滑坡前缘的地表变形影响更大。

三、岩土体参数变异特征

（一）物理力学参数变异特征

在滑坡多期次地质勘查过程中，在塘角滑坡范围内开展了一定数量的钻探和槽探工作。在部分钻孔和挖槽的一定深度处进行了土工试验，获取了土样密度、含水率、孔隙比、液塑限、不同工况下的抗剪强度参数、压缩系数和压缩模量等参数。这些土体试验数据为塘角滑坡的岩土体参数变异特征和不确定性分析提供了宝贵资料。岩土体参数的变化规律分析需要获取一些统计指标，如均值、变异系数、最值、分布类型和参数间互相关性。

在本书中，土体的常规力学参数包括天然密度、颗粒密度、含水率、孔隙比、液塑限、压缩系数与压缩模量参数。基于以上参数的 70 多个样本，统计了参数的变异特征见表 5-1。从变异系数可以看出，土体颗粒密度和天然密度的变异系数小于 0.05，具有相对较小的变异性，因此在岩土工程可靠度分析中很少考虑土体密度的变异性。含水率、孔隙比和塑性指数的变异系数为 0.1 ~ 0.15，而反映土体压缩性的压缩系数和压缩模量的变异系数为 0.31 左右，变异性较高。另外可以注意到土体的天然含水率为 15.8% ~ 33.6%。

表 5-1 岩土体常规物理力学参数的变异统计特征

土体属性	样本数	均值	变异系数	最小值	最大值	正态分布	对数正态分布
天然密度 / (g · cm^{-3})	72	2.01	0.022	1.85	2.1	√ *	√
颗粒密度	72	2.72	0.005	2.68	2.75	√ *	√
含水率 / %	77	22.3	0.137	15.8	33.6	√	√ *
孔隙比	77	0.66	0.122	0.5	0.964	√	√ *
液限 / %	77	28.2	0.086	23.2	36.9	√	√ *
塑限 / %	77	16.8	0.112	12.7	25.7	√	√ *
塑性指数 / %	77	11.4	0.102	10.1	15.5	×	× *
压缩系数 / MPa^{-1}	77	0.38	0.314	0.15	0.76	×	√ *
压缩模量 / MPa	74	4.8	0.313	2.2	10.55	×	√ *

注：√表示服从该分布；× 表示不服从该分布；* 表示相对最优分布类型。

正态分布和对数正态分布是变量服从较为广泛的，以及可靠度分析常用的分布类型。因此本书采用这两种分布基于 Kolmogorov-Smirnov 检验方法来判断土体各变量是否服从目标分布类型。在 0.05 的显著水平下进行判断，判断结果见表 5-1。此外，从土体各变量的直方图、正态与对数正态分布拟合曲线可以看出，除了塑性指数、压缩系数和压缩模量，其他变量均接受正态分布和对数正态分布，但最优分布以对数正态分布居多。压缩系数和压缩模量只服从对数正态分布，塑性指数均不服从正态分布和对数正态分布。总体来看，对数正态分布是变量服从较广的一种分布类型，该分布可以避免产生过小或过大的值。

为了初步探究土样参数在滑坡范围内的平面分布趋势，统计了具有不同平面位置的土样参数。土样的平面位置共有 33 处，如图 5-12 所示。对于在同一平面位置处进行了多次试验的参数，取其平均值来代表该平面位置处的土体属性。为了分析参数在平面上是否具有明显的分布趋势，采用 ArcGis 软件中的地统计分析模块，将土样参数分别在滑坡滑动方向和垂直于滑动方向上进行可视化投影。

参数的空间分布趋势如图 5-13 和表 5-2 所示。由含水率、孔隙比和土体天然密度的分布趋势可知，塘角滑坡前缘靠右部的土体表现出结构较致密和含水量较低的可能性，但这种变化趋势并不显著。分析在滑坡前缘和靠西部有较多的土体样品分布在水塘和前缘附近，

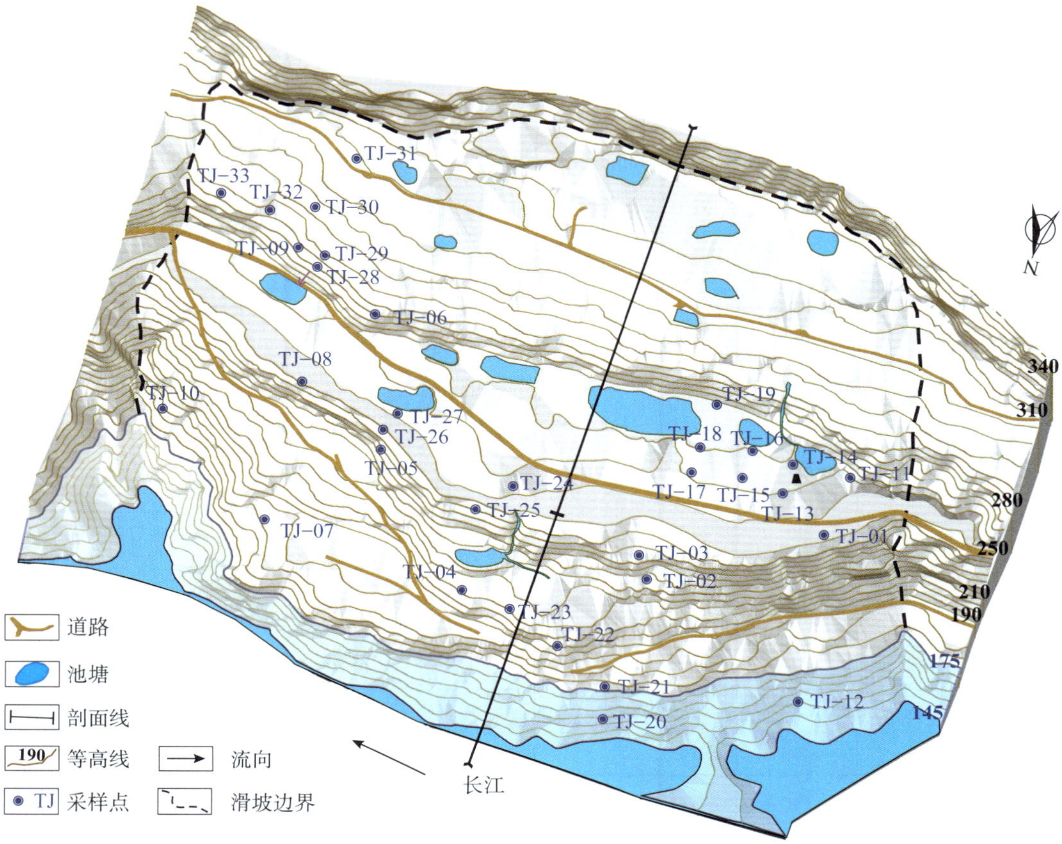

图 5-12　钻孔的平面位置分布

以及在滑坡东北位置的取样数量较少。对于土体的颗粒密度（反映土粒的矿物成分），其具有从后缘到前缘逐渐增大的分布趋势。土体相对密度一般关系为黏土＞粉质黏土＞黏质粉土＞砂质粉土＞砂土，因此塘角滑坡前缘的黏粒含量更高。液塑限和塑性指数没有表现出显著的变化，塑性指数与土的矿物成分和颗粒大小密切相关。压缩系数和孔隙比具有相同的变化趋势，沿着主滑方向逐渐减小，土体的压缩能力逐渐降低。

渗透系数是滑坡饱和－非饱和渗流模拟和变形稳定性分析的重要参数。塘角滑坡体上开展了四处渗透系数试验，前缘处的渗透系数为 1.43×10^{-5} cm/s，二级平台中三处的渗透系数分别为 2.89×10^{-5} cm/s、1.48×10^{-5} cm/s 和 3.96×10^{-5} cm/s。由于勘测、试验技术和试验成本的限制，无法获得渗透系数的空间分布数据。已有学者对三峡库区滑坡的渗透系数进行了分析。刘文平等[2]统计了 65 份库区滑坡渗透系数资料，得出粉质黏土的渗透系数为 $10^{-6}\sim10^{-4}$ cm/s，块石土的渗透系数为 $10^{-5}\sim10^{-3}$ cm/s。Xue 等[3]研究了白水河滑坡饱和渗透系数的空间变异规律，认为渗透系数主要服从对数正态分布，粉质黏土夹碎石为主的滑坡体渗透系数取值为 $10^{-6}\sim10^{-3}$ cm/s。结合以上研究，可认为库区滑坡渗透系数主要分

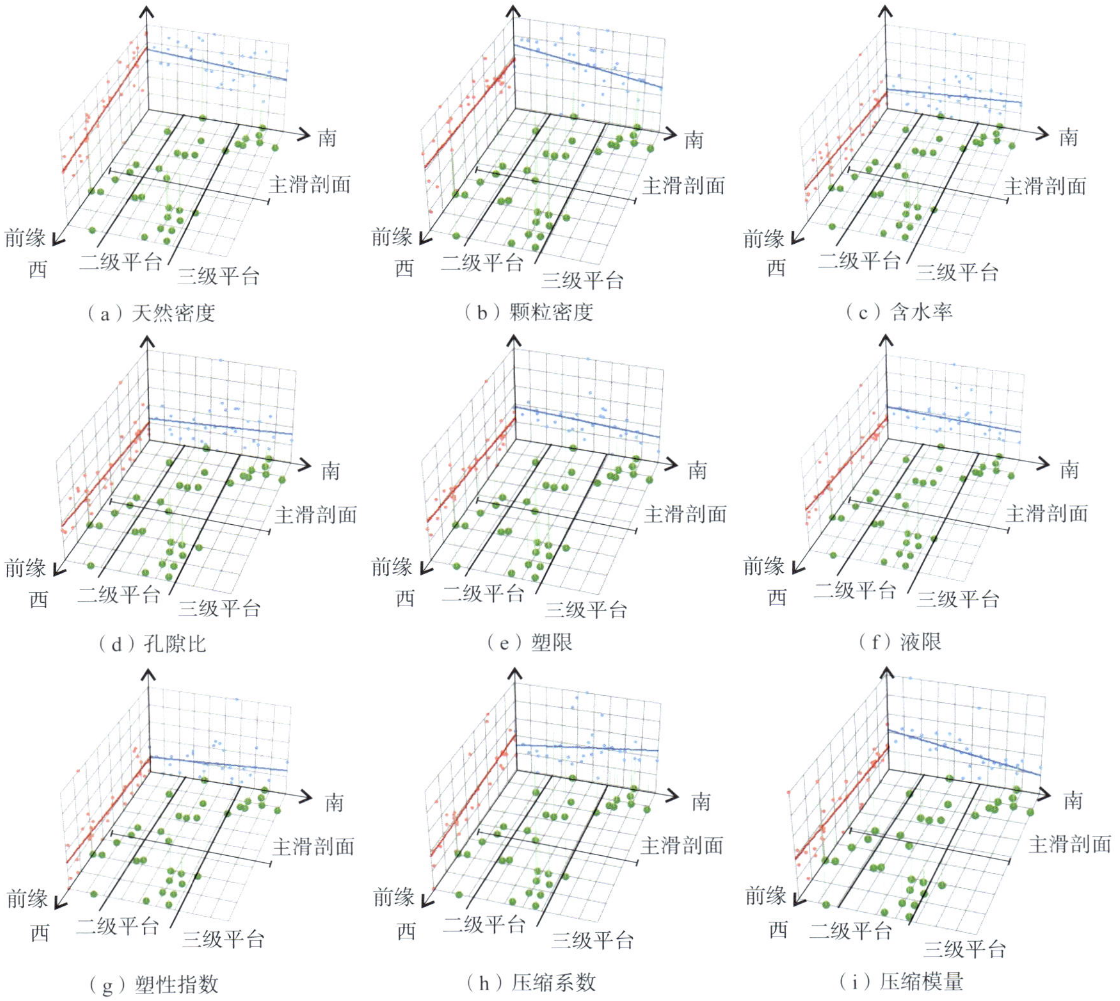

图 5-13　常规物理力学参数的空间分布趋势

表 5-2　常规物理力学参数的空间分布趋势统计

特性	基本参数	沿主滑方向（南北向）	垂直滑动方向（东西向）
密度	天然密度	略有增加	略有增加
	颗粒密度	增加	平稳
导水特性	天然含水率	略有减小	略有减小
	孔隙比	略有减小	略有减小
土体状态	液限	略有增加	平稳
	塑限	略平稳	平稳
	塑性指数	略平稳	平稳
变形特性	压缩系数	减小	略平稳
	压缩模量	增加	平稳

从对数正态分布，渗透系数值为 10^{-6} ~ 10^{-3} cm/s。

（二）抗剪强度参数变异特征

根据固结状态下天然与饱和含水状态土体的直剪试验结果，获取了 48/46 组土体的天然固结快剪、天然固结残余、饱和固结快剪和饱和固结残余抗剪强度参数，统计结果见表 5-3。可以看出不同工况下黏聚力的均值和变异系数均大于摩擦角的。相同含水状态下不同剪切方式对同一种抗剪强度参数的变异系数影响不大，如天然固结快剪 c 和天然固结残余 c 的变异系数均为 0.20 左右。饱和状态下抗剪强度参数的均值和最值均小于天然状态下的数值；残余剪切方式下参数的均值和最值小于非残余剪切下的值。

表 5-3　抗剪强度参数的变异统计特征

土体属性	样本数	均值	变异系数	最小值	最大值	正态分布	对数正态分布
天然固结快剪 c	48	36.8	0.207	23.2	55.7	√	√ *
天然固结快剪 φ	48	16.8	0.111	12.1	20.7	√ *	√
天然固结残余 c	48	24.7	0.201	16.6	36.2	√	√ *
天然固结残余 φ	48	12.7	0.103	9.8	16.1	√ *	√
饱和固结快剪 c	48	28.0	0.164	19.3	39.6	√ *	√
饱和固结快剪 φ	48	14.5	0.104	11.5	17.2	√	√ *
饱和固结残余 c	46	19.5	0.169	13.5	25.5	√ *	√
饱和固结残余 φ	46	11.0	0.127	8.2	13.7	√ *	√

注：√表示服从该分布；* 表示相对最优分布类型。

不同工况下抗剪强度参数的分布类型统计结果见表 5-3。可以看出所有的抗剪强度参数均接受正态分布和对数正态分布。对于天然固结快剪和残余剪的较优分布类型，c 为对数正态分布，φ 为正态分布。对于饱和固结快剪的较优分布类型，c 为正态分布，φ 为对数正态分布。对于饱和固结残余剪的较优分布类型，c 和 φ 都为正态分布。另一方面，罗冲等[4]、李远耀等[5]和 Wang 等[6]统计了万州区域滑坡滑带土的抗剪强度参数分布情况，土体类型多为粉质黏土，认为 φ 的较优分布为正态分布，而 c 服从对数正态分布的情况较多。

基于 ArcGis 软件的地统计分析模块，统计了不同工况下抗剪强度参数的空间分布趋势，如图 5-14 和表 5-4 所示。在东西方向上，不同工况下抗剪强度参数没有明显的变化趋势；而在主滑方向上，不同工况下黏聚力都呈减小趋势，摩擦角都呈增加趋势。通过上一节分析可知，土体颗粒密度具有从后缘到前缘逐渐增大的分布趋势，含水率、孔隙比具有从后缘到前缘逐渐减小的趋势。另外，通过相关性分析可知内摩擦角与颗粒密度呈正相关，与孔隙比、含水率呈负相关，黏聚力与颗粒密度呈负相关。因此抗剪强度参数的空间分布趋势与常规物理力学参数的趋势基本相符。总之由于试验样本的取样位置在一级和三级平台分布的较少，且部分样本位置较为集中，参数的统计结果规律仍有待补充和加强，但本论文的统计结果可为后续的研究提供宝贵借鉴。

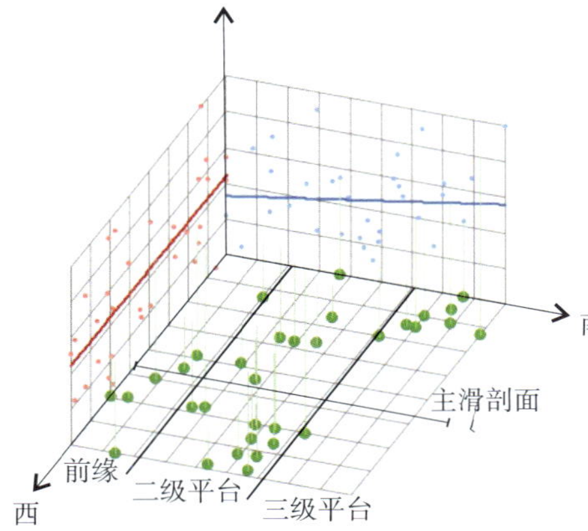

（a）天然固结快剪-黏聚力

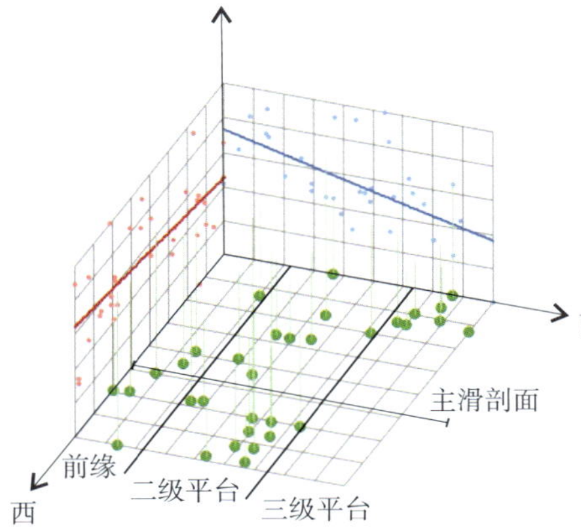

（b）天然固结快剪-摩擦角

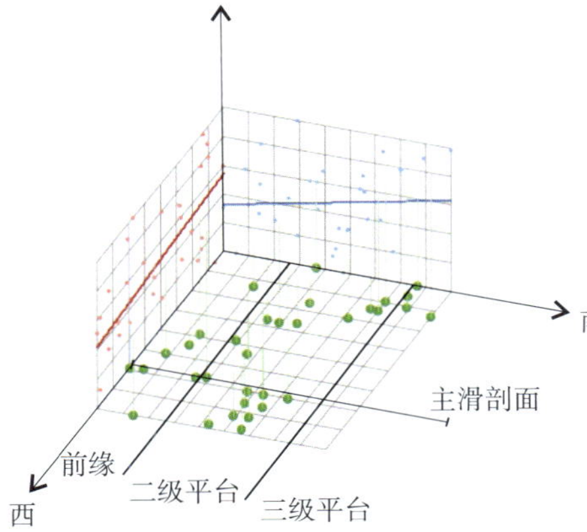

（c）天然固结残余-黏聚力

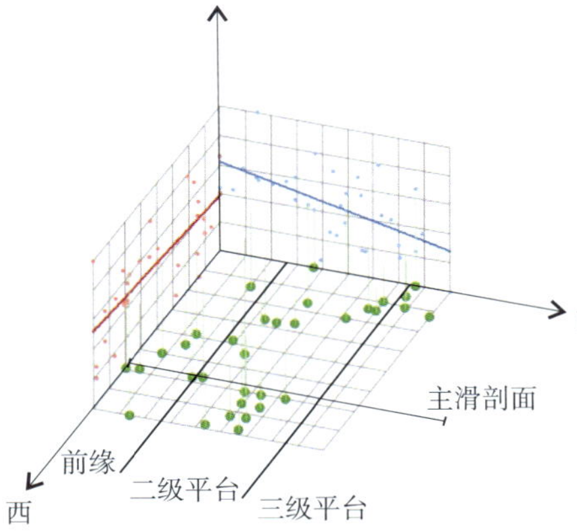

（d）天然固结残余-摩擦角

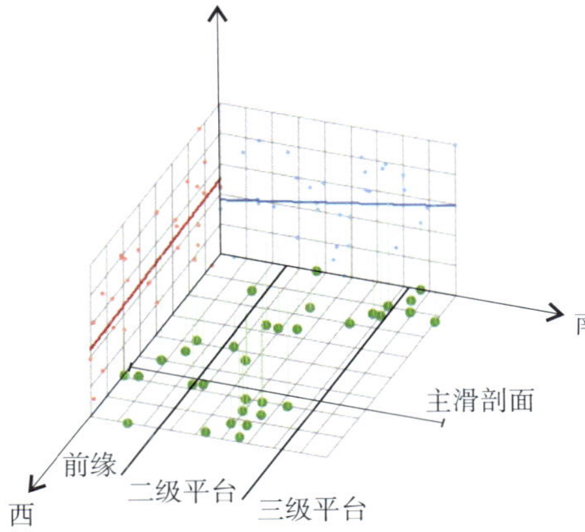

（e）饱和固结快剪-黏聚力

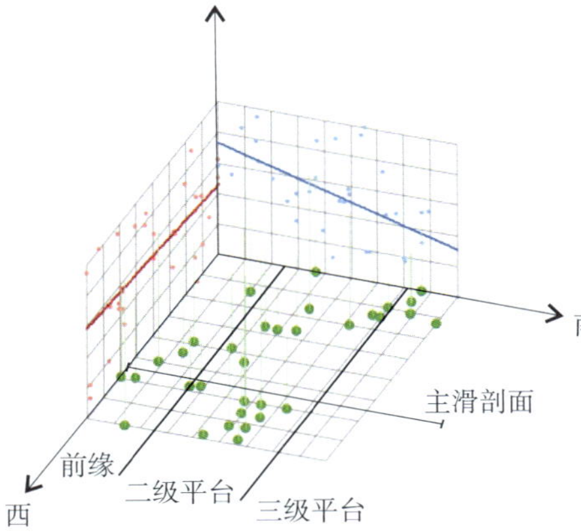

（f）饱和固结快剪-摩擦角

图 5-14　抗剪强度参数的空间分布趋势

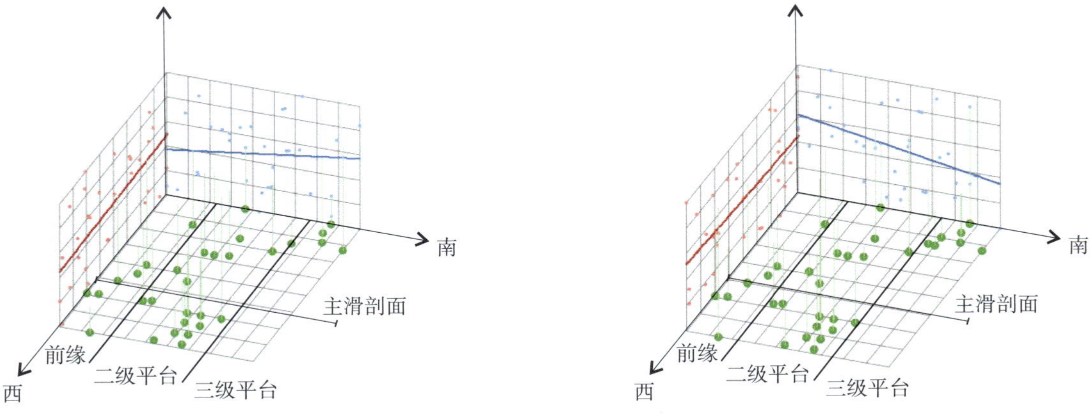

（g）饱和固结残余–黏聚力　　（h）饱和固结残余–摩擦角

图 5–14　抗剪强度参数的空间分布趋势（续）

表 5–4　抗剪强度参数的空间分布趋势统计

特性	参数	沿主滑方向（南北向）	垂直滑动方向（东西向）
天然固结快剪	黏聚力	减小	平稳
	内摩擦角	增加	略平稳
天然固结残余剪	黏聚力	减小	增加
	内摩擦角	增加	略平稳
饱和固结快剪	黏聚力	减小	略有增加
	内摩擦角	增加	略平稳
饱和固结残余	黏聚力	减小	略平稳
	内摩擦角	增加	平稳

第二节　基于地下水位的滑坡饱和渗透系数随机场反演

塘角滑坡的主要剖面布设了许多监测设备，如图 5–4 所示。沿着剖面线有五个地下水位监测孔和三个 GPS 地表位移监测桩，该剖面常作为滑坡的主要研究剖面。根据第四章中塘角滑坡变形特征的分析结果，可认为由一、二级平台组成的滑坡体变形稳定性与由第三级平台和临近河道前缘部分组成的滑坡体变形稳定性关联较差。因此可以从二、三级平台连接处将主滑剖面分成两个剖面来进行研究。由一、二级平台组成的滑坡体命名为塘角 BP（back part）滑坡体，由第三级平台和临近河道前缘部分组成的滑坡体命名为塘角 FP（front part）滑坡体。本书以 FP 滑坡体为主要研究对象，基于 ABAQUS 软件开展有限元建模、水力耦合模拟和变形稳定性分析。

一、FP 有限元模型与反演设置

（一）有限元地质模型构建

根据 FP 滑坡体的剖面特征建立如图 5-15 所示的有限元网格模型，模型含有 585 个单元和 1974 个节点，同样采用 CPE8RP 单元。不考虑滑坡体基岩部分的建模，模型底部为不透水边界和位移约束边界，库水位高程以下的坡表设置为孔压边界和压力边界，水位以上部分设为降水边界。根据 STK-1 和 STK-3 处的地下水位变化范围分别为 174 ~ 178 m 和 213 ~ 215 m，滑坡后缘 216 m 和前缘 174 m 高程附近的节点设置为定水头边界以生成初始地下水位（图 5-16）。另外勘查发现 *B* 点有基岩出露，第三级平台前部存在地下水的排泄路径，同样采用 *sflow 命令设置排泄边界。其他参数设置同 BP 滑坡体。

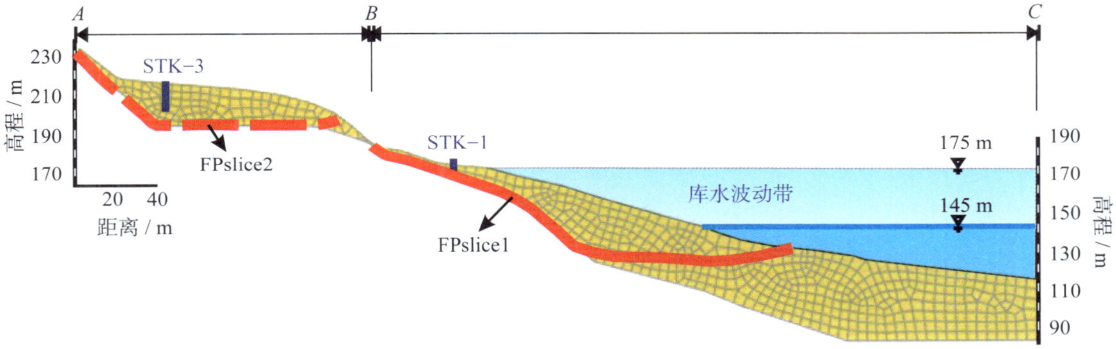

图 5-15　FP 滑坡体有限元地质模型

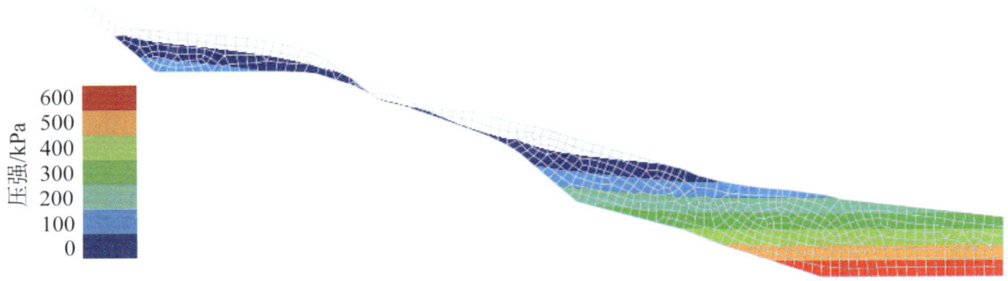

图 5-16　FP 滑坡体的初始地下水位分布

坡表为降水入渗流量边界，ABAQUS 默认给定多少的降水流量就会全部入渗。若直接按照实际监测的降水量作为入渗流量，渗流结果可能会不可靠。而真实的坡表降水入渗速率不仅受到坡表角度的影响，还会受到坡表土体渗透系数的影响。首先，为了考虑坡表角度的影响，可以将降水密度乘以坡角的余弦值。其次，为了考虑渗透系数的影响，当降水密度大于坡表渗透系数时，多余的水量会以地表径流的形式全部流走[7]。最后基于模拟水位和勘查水位的结果比较来进行降雨折减系数的试算。土水特征曲线的考虑与否决定了滑坡体是饱和渗流还是饱和 - 非饱和渗流。为了更真实地考虑滑坡体的水力耦合模拟，采用黏土的土水特征曲线，如图 5-17 所示，在软件中以表格的形式给出土体饱和度和基质吸力；而饱和渗透系数的折减关系采用 ABAQUS 的默认值，即为土体饱和度的三次方。

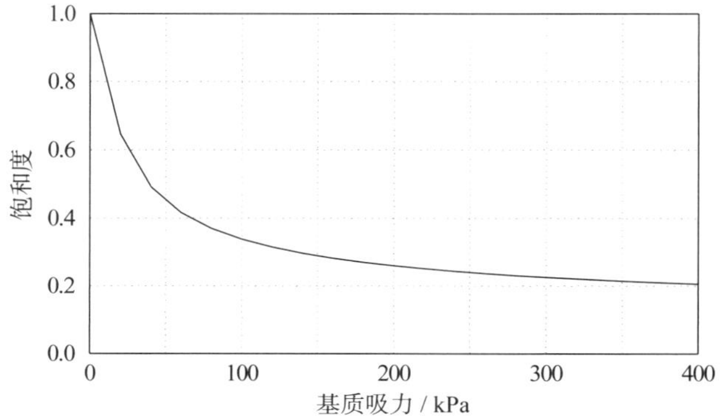

图 5-17　土体饱和度和基质吸力的关系

（二）渗透系数反演设置

同样 FP 滑坡体按照三级平台和前缘区域分为 *AB* 和 *BC* 两个区域进行反演，每个区域分别构建随机场模型。反演的随机场参数包括均值 μ、标准差 σ 和相关距离 l，更新参数可表达为 $\boldsymbol{X}=[\mu_1，\mu_2，\sigma_1，\sigma_2，l_x，l_y]$。如 μ_1 和 σ_1 代表滑坡体后部参数，μ_2 和 σ_2 代表滑坡体前部参数，l_x 为水平相关距离，l_y 为垂直相关距离，这里不考虑相关距离的差异，两个区域采用相同的相关距离。变量 $\boldsymbol{X}$ 的先验分布采用均匀分布，渗透系数的均值为 0.01 ~ 2 m/d，变异系数为 0.5 ~ 0.9，水平相关距离为 5 ~ 46 m，垂直相关距离为 0.5 ~ 4 m。采用截尾的对数正态分布来生成空间变异场，渗透系数的范围为 0.00086 ~ 8.6 m/d。

根据第三章中响应模型的建立步骤，共产生 200 组 $\boldsymbol{X}=[\mu_1，\mu_2，\sigma_1，\sigma_2，l_x，l_y]$ 样本。每一组样本产生 50 个空间变异场，共开展 10000 次数值运算。数值运算将采用 Mašín 亚塑性黏土本构模型，其模型参数采用塘角滑坡黏土参数。滑坡初始应力场的生成采用弹性模量为 100 MPa 和泊松比为 0.35 的弹性材料，通过 ODB 文件导入初始应力场，土体的超固结比设为 1。

FP 滑坡体上虽然含有 STK-1、STK-2 和 STK-3 监测孔，但是 STK-2 处滑坡体曾发生严重滑塌，使得该处的地下水模拟与监测数据相差较大，因此本次研究不考虑 STK-2 的数据。FP 滑坡体将从 2014 年 7 月 1 日开始一年的库水循环模拟。由于滑坡地下水位在库水位转折时变化较大，因此分别取库水上升至 175 m、开始从 175 m 下降和下降至 145 m 三个时间点的地下水位作为预测值。从而后验信息可表达为 $\boldsymbol{D}=[\boldsymbol{D}_1，\boldsymbol{D}_2]$，其中 $\boldsymbol{D}_1=[d_1，d_2，d_3]$，误差 ζ 的取值范围同样设置为 0 ~ 1。

二、渗透系数反演结果

批量提取 10000 个滑坡计算模型中地下水位信息的预测值，取每一组 $\boldsymbol{D}_i^*$ 的平均值作为

该组变量 $\boldsymbol{X}$ 对应的响应预测值。基于 200×6 维的输入变量和 200×1 维的输出变量，采用 Spearman 相关系数来分别统计变量 μ_1，μ_2，σ_1，σ_2，l_x，l_y 与 6 个地下水位的相关性，统计结果见表 5-5。与 BP 滑坡体相同，FP 滑坡体两个区域的渗透系数均值与地下水位有较高的负相关性，而其他参数与地下水位具有一定的正相关性。不同的是滑坡后部地下水位与滑坡体后部渗透系数 μ_1 和 σ_1 的相关性高，而前部地下水位与前部渗透系数 μ_2 和 σ_2 的相关性高。

表 5-5　随机场参数 X 与地下水（STK-1 和 STK-3）输出响应的相关性

变量		μ_1	μ_2	σ_1	σ_2	l_x	l_y
STK-1	d_1^*	−0.539	−0.596	0.208	0.155	0.184	0.168
	d_2^*	−0.566	−0.626	0.206	0.154	0.180	0.165
	d_3^*	−0.561	−0.625	0.215	0.135	0.174	0.159
STK-3	d_1^*	−0.601	−0.592	0.185	0.159	0.155	0.158
	d_2^*	−0.606	−0.587	0.187	0.159	0.155	0.158
	d_3^*	−0.613	−0.582	0.187	0.156	0.155	0.160

同样采用 BP 神经网络算法分别建立 6 个地下水位与变量 $\boldsymbol{X}$ 的响应模型。其中 70% 的数据用于训练，15% 的数据用于验证，剩余 15% 的数据用于预测。神经网络层数设置为 10，以训练、验证和预测的决定系数 R 均大于 0.95 为响应模型建立标准。以 STK-1 中的 d_1^* 为例，其神经网络训练效果如图 5-18 所示。

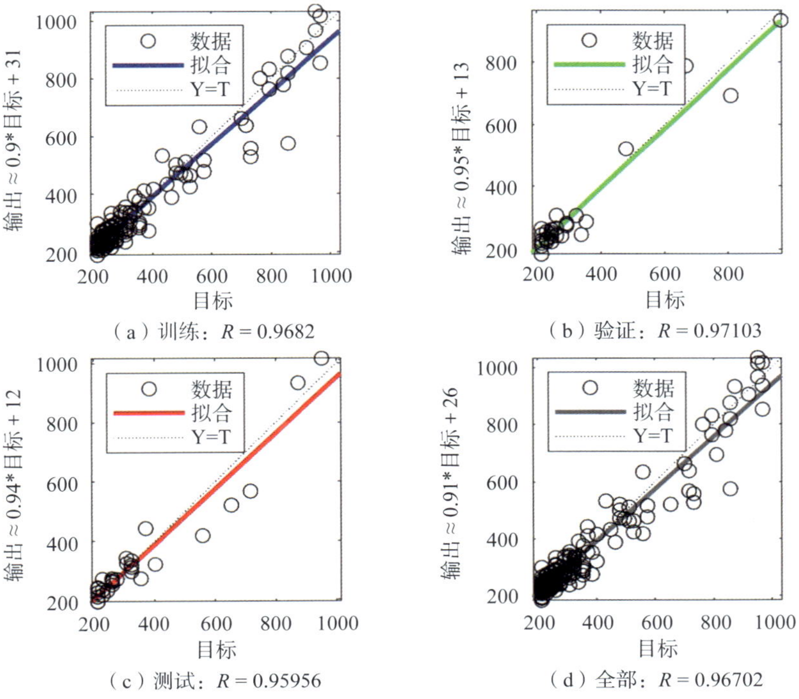

图 5-18　STK-1 中 d_1^* 水位与变量之间的拟合效果

在分别建立地下水位与变量 $\boldsymbol{X}$ 的响应模型之后，开展各个变量的贝叶斯反演更新。基于更新后的 5000 个变量样本，绘制出 μ_1，μ_2，σ_1，σ_2，l_x，l_y 的边缘概率密度分布曲线如图 5-19 所示。可以看到所有曲线均有明显的峰，表明这些参数可以较好地被评估，分别统计这些变量的均值和标准差见表 5-6。根据表 5-6 的统计结果，随机生成 FP 滑坡体渗透系数空间变异性的四次实现。如图 5-20 所示，可以看出渗透系数在滑坡后缘区域出现较大值的可能性大。

表 5-6　FP 滑坡体渗透系数的后验信息统计特征

变量	μ_1	μ_2	σ_1	σ_2	l_x	l_y
均值	1.56	0.76	1.12	0.71	27.74	3.38
标准差	0.012	0.007	0.026	0.027	0.92	0.14

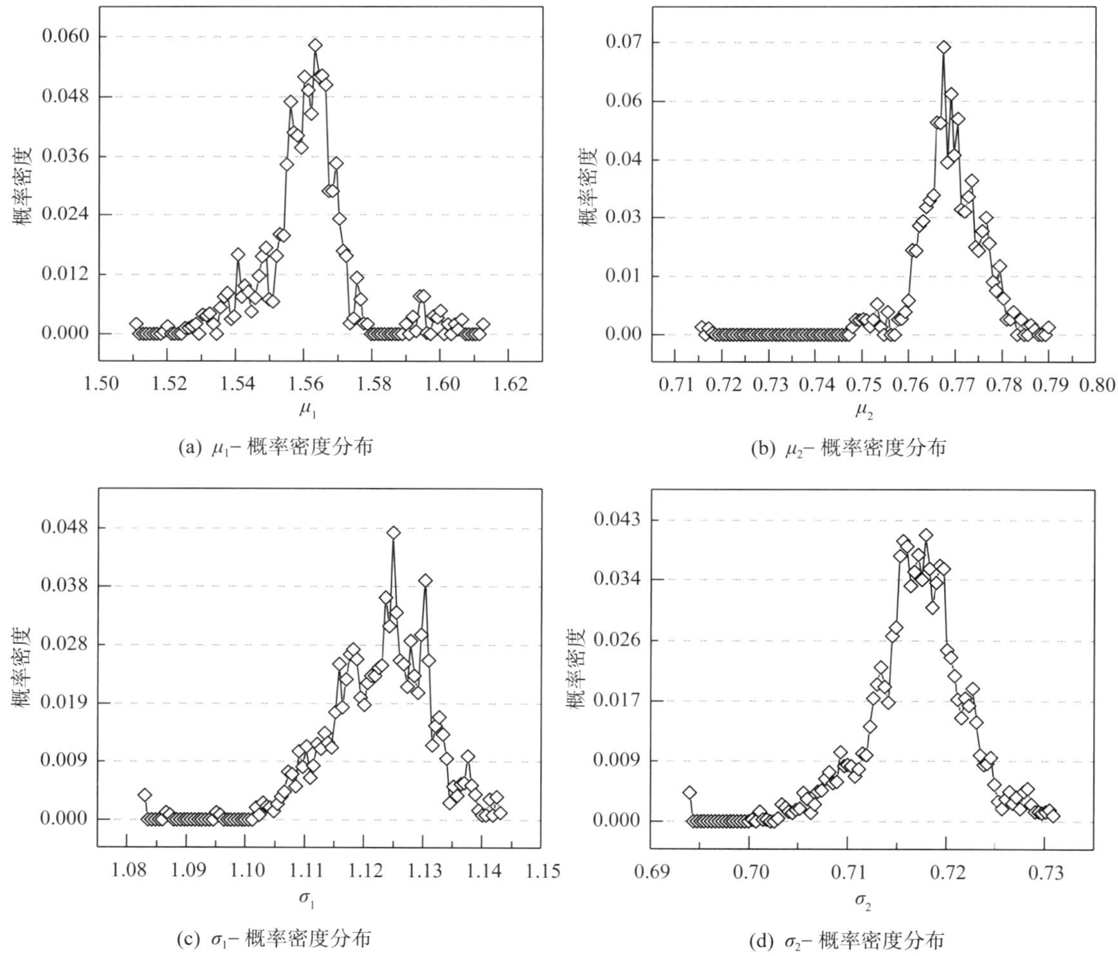

图 5-19　FP 滑坡体渗透系数随机场参数的边缘概率密度分布曲线

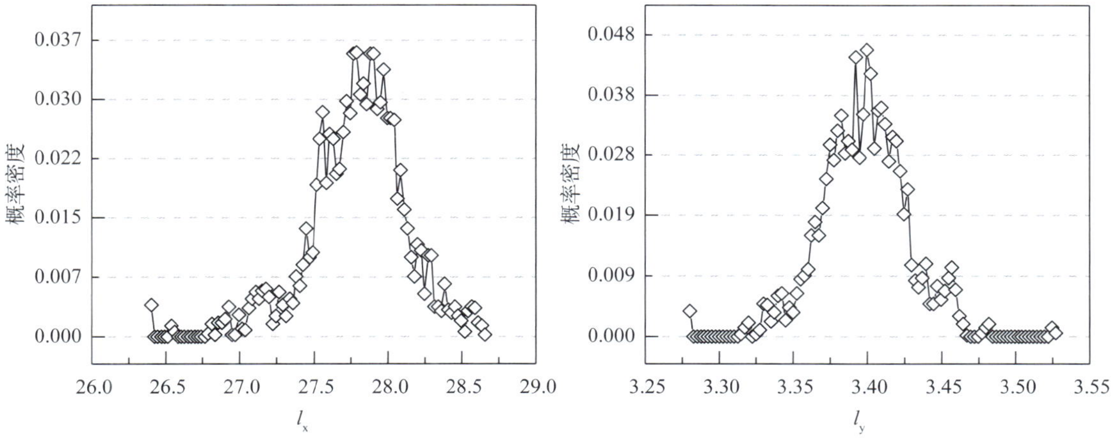

(e) l_x- 概率密度分布　　(f) l_y- 概率密度分布

图 5-19　FP 滑坡体渗透系数随机场参数的边缘概率密度分布曲线（续）

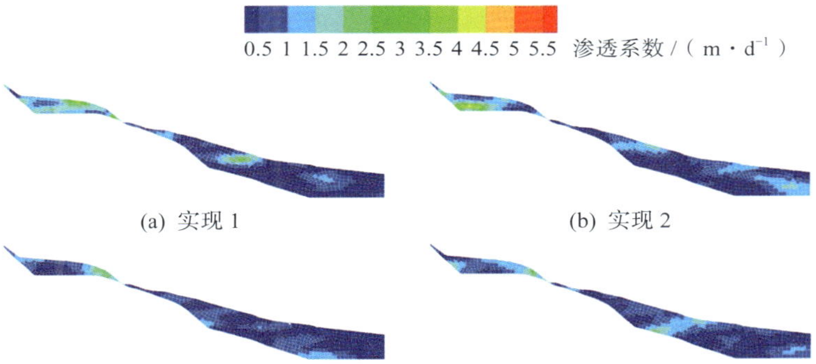

(a) 实现 1　　(b) 实现 2

(c) 实现 3　　(d) 实现 4

图 5-20　FP 滑坡体饱和渗透系数空间变异性的不同模拟

第三节　基于地表位移的强度参数随机场反演

沿着主滑剖面共有 GPS04、GPS05 和 GPS06 地表位移监测点，分别分布在一、二、三级平台上。其中位于 FP 滑坡体上的 GPS06 处发生了严重的垮塌滑动。截至 2016 年 12 月，GPS06 的累积位移达到了 20000 mm，GPS06 测点已经无法准确代表该位置的位移水平。另外有限元数值模型不能模拟如此大的变形，因此 GPS06 的位移数据不能用于 FP 滑坡体的抗剪强度参数反演。下面将采用 GPS04 和 GPS05 的位移数据来反演 BP 滑坡体的抗剪强度参数。

一、BP 有限元模型与反演设置

（一）有限元地质模型构建

根据 BP 滑坡体的剖面特征建立如图 5-21 所示的有限元网格模型。模型含有 705 个单元和 2394 个节点，单元类型为四边形八节点平面应变孔压应力耦合单元 CPE8RP。考虑到计算效率和模拟的简便性，不考虑滑坡体基岩部分的建模，模型底部设置为不透水边界和位移约束边界。

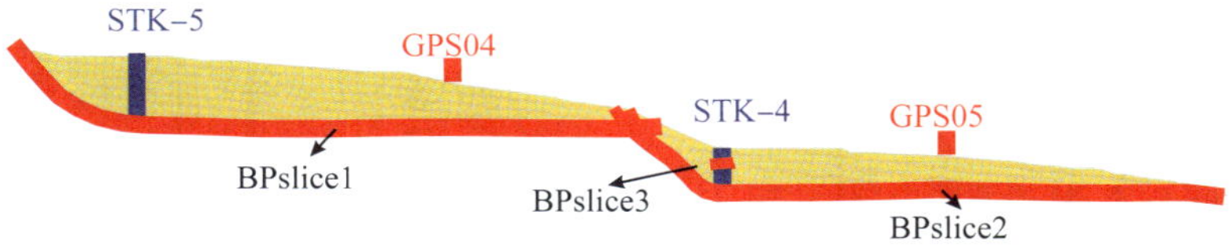

图 5-21　BP 滑坡体有限元模型

为了生成初始地下水位，需要进行孔压边界的设置。根据剖面图 5-5 所示滑坡的地下水位，确定滑坡后缘定水头边界的位置，大约为 320 m，而滑坡前缘的定水头边界在坡脚位置附近。然而在以上给定边界的设置下，稳定渗流初始步（渗透系数为 0.3 m/d）得到的地下水位仍然与勘察结果有较大偏离。由第四章中地下水位变化特征可知地下水的排泄条件对地下水位有较大影响。BP 滑坡体中部附近有一较大面积的水塘，水塘的存在为地下水的补给和排泄提供了途径。另外 BP 滑坡体前缘地势较陡，坡表部分区域可能成为排泄边界。因此采用 *sflow 和 *flow 命令分别定义水塘下部单元表面和前缘坡表面的排泄边界。最终得到图 5-22 所示的地下水位分布，其结果相对符合地质勘查所查明的水位。

图 5-22　BP 滑坡体的初始地下水位分布

（二）反演参数设置

数值运算同样采用亚塑性黏土本构模型，反演对象为亚塑性黏土本构模型中的 c 和 φ，滑坡的初始应力场采用弹性模量为 100 MPa 和泊松比为 0.35 的弹性材料。无特殊说明的情况下，BP 滑坡体的数值模型、边界和加载等设置同上。BP 滑坡体按照一、二级平台分为两个区域，每个区域的随机场参数包括 c 和 φ 的均值和标准差。最终更新参数可以表达为 $\boldsymbol{X}=[\mu_1^c,\ \mu_2^c,\ \sigma_1^c,\ \sigma_2^c,\ \mu_1^\varphi,\ \mu_2^\varphi,\ \sigma_1^\varphi,\ \sigma_2^\varphi,\ l_x,\ l_y]$，其中 1 代表一级平台滑坡体，2 代表二级平台滑坡体。

变量 $\boldsymbol{X}$ 的先验分布采用均匀分布，变量取值范围根据第四章中 c 和 φ 的统计规律和已发表文献的相关结果来综合确定。李远耀等[5]收集和整理了三峡库区地质灾害防治工程中近 400 处滑坡的勘察资料，统计得到 c 的取值范围为 14.9 ~ 34.5 kPa，φ 的取值范围为 6.7° ~ 19.6°。蒋水华[8]统计了 c 的变异系数为 10% ~ 80%，黏土 φ 的变异系数为 10% ~ 50%。综上所述，本书中 c 的取值范围为 15 ~ 37 kPa，变异系数为 0.1 ~ 0.8；φ 的取值范围为 11° ~ 20° ，变异系数为 0.1 ~ 0.5；水平相关距离为 5 ~ 46 m，垂直相关距离为 0.5 ~ 4 m。抗剪强度参数采用截尾对数正态分布，c 值 5 ~ 60 kPa，φ 的范围为 5° ~ 35°。

相同于渗透系数反演设置，共产生 200 组 $\boldsymbol{X}$ 样本，每一组样本产生 50 个空间变异场，共开展 10000 次数值运算。降水入渗从 2014/3/1 号开始进行 150 d 的计算。分别从 GPS04 和 GPS05 对应位置的计算结果中取两个时刻（60 d 和 90 d）的水平位移作为预测值，后验信息可表达为 $\boldsymbol{D} = [\boldsymbol{D}_1, \boldsymbol{D}_2]$，其中 $\boldsymbol{D}_1 = [d_1, d_2]$。后部平台 GPS04 的两个时刻水平位移分别为 6 mm 和 9 mm，前部平台 GPS05 的两个时刻水平位移分别为 15 mm 和 15 mm。误差 ζ 值为 0 ~ 5。

二、强度参数反演结果

批量提取 10000 个滑坡计算模型中地表位移的预测值，取每一组 $\boldsymbol{D}_i^*$ 的平均值作为该组变量 $\boldsymbol{X}$ 对应的响应预测值。基于 200 × 10 维的输入变量和 200 × 1 维的输出变量，采用 Spearman 相关系数来分别统计变量 μ_1^c，μ_2^c，σ_1^c，σ_2^c，μ_1^φ，μ_2^φ，σ_1^φ，σ_2^φ，l_x 和 l_y 对这四个地表位移的相关性，统计结果见表 5-7。可以看出滑坡位移变形与 c 的相关性更大，且不同地表位移相关性的差异不大。抗剪强度参数的变异性对位移变形的影响不容忽视。

表 5-7　随机场参数 X 与地表位移（GPS04 和 GPS05）输出响应的相关性

变量	μ_1^c	μ_2^c	σ_1^c	σ_2^c	μ_1^φ	μ_2^φ	σ_1^φ	σ_2^φ	l_x	l_y
GPS04	−0.568	−0.237	0.639	0.170	0.073	0.010	−0.157	−0.212	−0.061	−0.055
	−0.568	−0.237	0.639	0.170	0.072	0.011	−0.157	−0.212	−0.062	−0.054
GPS05	−0.564	−0.242	0.639	0.171	0.075	0.009	−0.157	−0.212	−0.062	−0.055
	−0.564	−0.243	0.639	0.171	0.075	0.010	−0.157	−0.211	−0.061	−0.056

采用 BP 神经网络算法分别建立 4 个地表位移与变量 $\boldsymbol{X}$ 的响应模型。在建立地表位移与变量 $\boldsymbol{X}$ 的响应模型之后，分别开展各个变量的贝叶斯反演更新。基于更新后的 5000 个变量样本，绘制出 μ_1^c，μ_2^c，σ_1^c，σ_2^c，μ_1^φ，μ_2^φ，σ_1^φ，σ_2^φ，l_x 和 l_y 的边缘概率密度分布曲线如图 5-23 所示。可以看到所有曲线均有明显的峰，分别统计这些变量的均值、标准差、范围如表 5-8 所示。

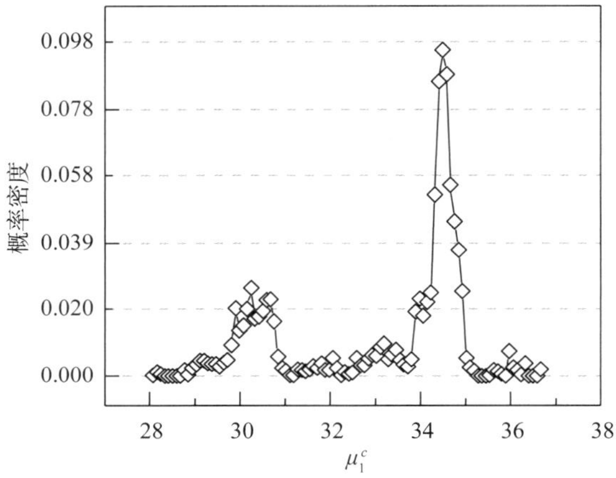

(a) μ_1^c– 概率密度分布

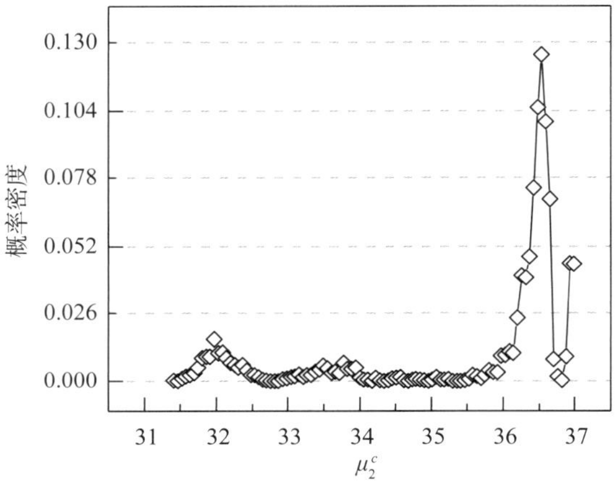

(b) μ_2^c– 概率密度分布

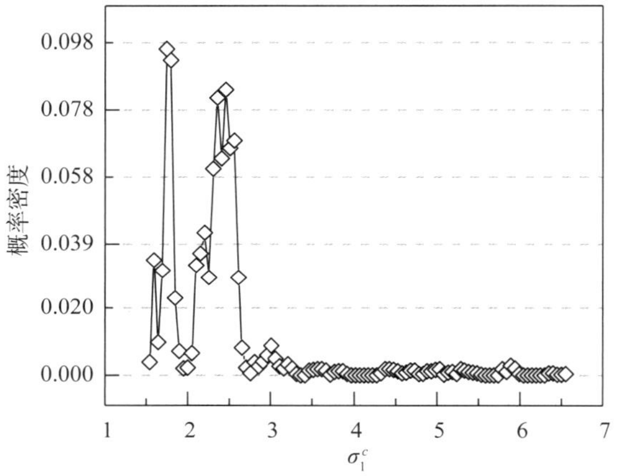

(c) σ_1^c– 概率密度分布

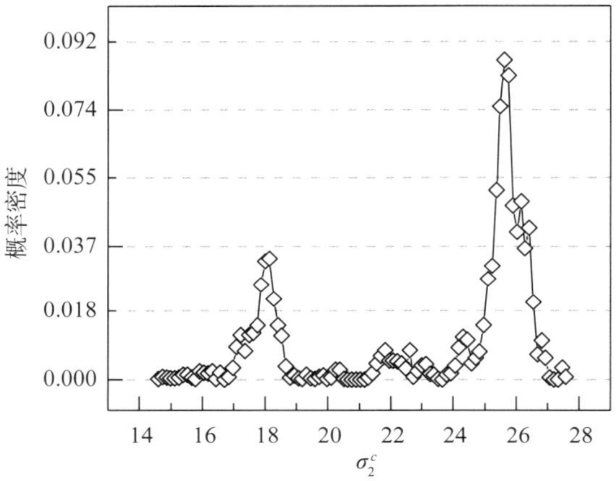

(d) σ_2^c– 概率密度分布

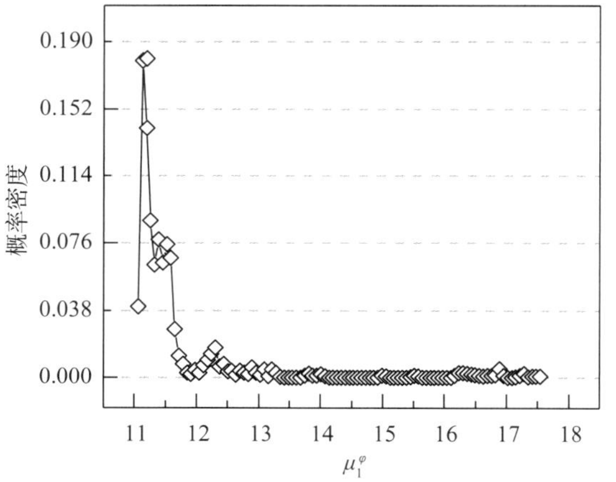

(e) μ_1^φ– 概率密度分布

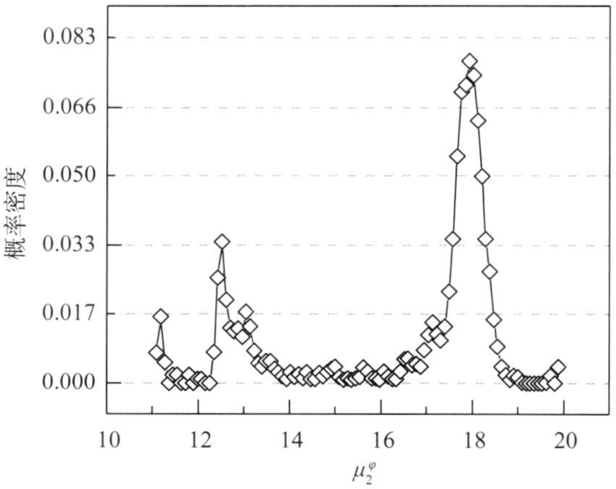

(f) μ_2^φ– 概率密度分布

图 5–23 BP 滑坡体抗剪强度随机场参数变量的边缘概率密度分布曲线

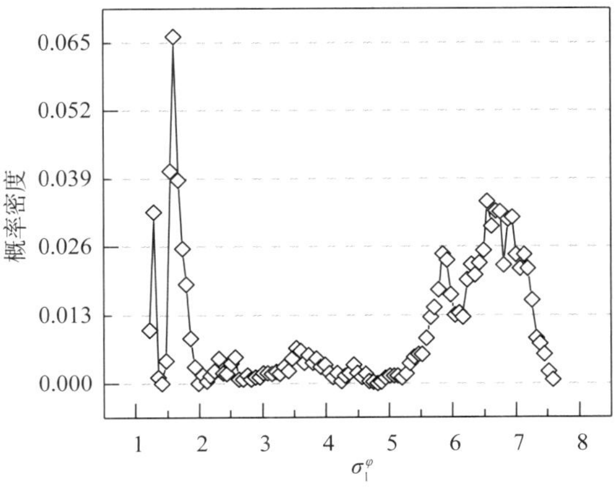

(g) σ_1^{φ}– 概率密度分布

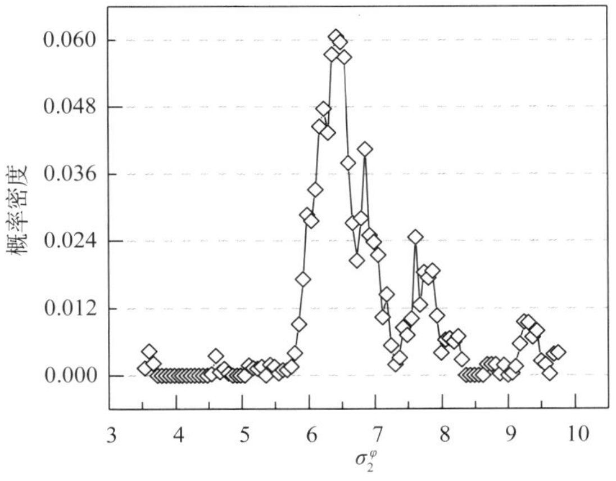

(h) σ_2^{φ}– 概率密度分布

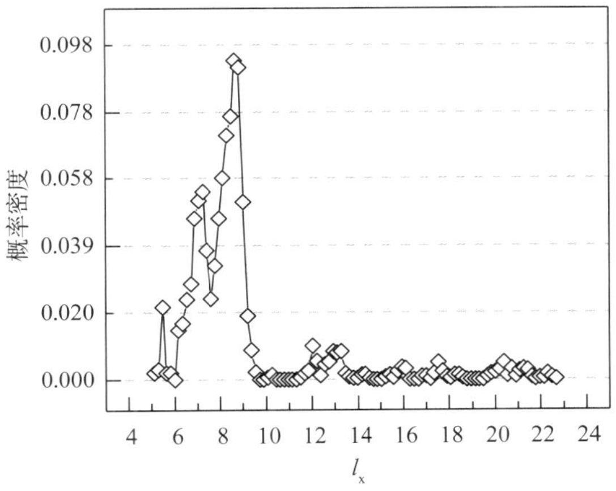

(i) l_x– 概率密度分布

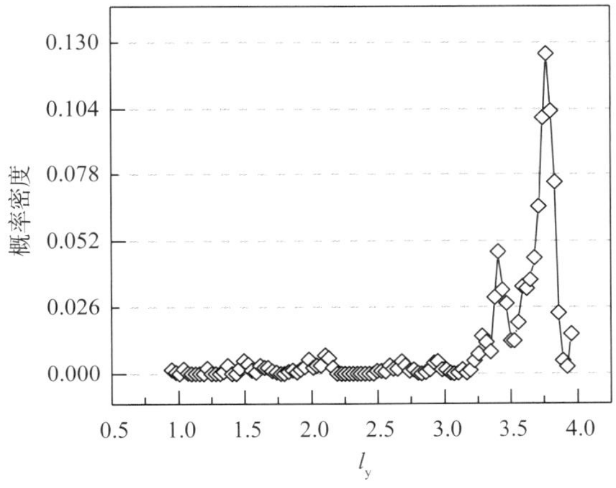

(j) l_y– 概率密度分布

图 5-23　BP 滑坡体抗剪强度随机场参数变量的边缘概率密度分布曲线（续）

表 5-8　BP 滑坡体抗剪强度参数的后验信息统计特征

变量	μ_1^c	μ_2^c	σ_1^c	σ_2^c	μ_1^{φ}	μ_2^{φ}	σ_1^{φ}	σ_2^{φ}	l_x	l_y
均值	33.18	35.73	2.32	23.56	11.64	16.47	4.94	6.82	8.87	3.50
标准差	1.94	1.59	0.68	3.39	1.03	2.30	2.20	0.92	2.99	0.52

参考文献

[1] 章玉容，黄涛，夏念飞，等 . 基于最大信息系数法的建筑冷负荷影响因素识别 [J]. 浙江工业大学学报，2021，49(4)：449–453.

[2] 刘文平，张利民，郑颖人，等 . 三峡库区重庆段滑坡体抗剪及渗透参数研究 [J]. 地下空间与工程学报，2009，5(1)：45–49.

[3] XUE Y, WU Y, MIAO F, et al. Effect of spatially variable saturated hydraulic conductivity with non-

stationary characteristics on the stability of reservoir landslides[J]. Stochastic Environmental Research and Risk Assessment, 2020(34): 311−329.

[4] 罗冲，殷坤龙，陈丽霞，等 . 万州区滑坡滑带土抗剪强度参数概率分布拟合及其优化 [J]. 岩石力学与工程学报，2005 (9)：1588−1593.

[5] 李远耀，殷坤龙，柴波，等 . 三峡库区滑带土抗剪强度参数的统计规律研究 [J]. 岩土力学，2008，149(5)：1419−1424+1429.

[6] WANG Y, LIU J, YAN S, et al. Estimation of probability distribution of shear strength of slip zone soils in Middle Jurassic red beds in Wanzhou of China[J]. Landslides, 2017(14): 2165−2174.

[7] XUE Y, MIAO F, WU Y, et al. Dynamic stability assessment of reservoir colluvial landslide using a hypoplastic clay constitutive model considering the effects of drying-wetting cycles on the hydrofluctuation belt[J]. Engineering Geology, 2022(307): 106791.

[8] 蒋水华 . 水电工程边坡可靠度非侵入式随机分析方法 [D]. 武汉：武汉大学，2014.

第六章 考虑库水消落带参数弱化的库岸滑坡稳定性概率评价

第一节 库水消落带土体的干湿循环性质

为了探究塘角滑坡土体在干湿循环作用下力学特性的变化规律，开展了土体的常规物理力学试验来获取土体的基本属性。在此基础上进行了滑坡体土的干湿循环试验、三轴固结排水剪切试验和一维固结压缩试验，揭示了不同干湿循环次数下土体剪切强度和压缩特性的变化规律。

一、土体力学试验

（一）试验过程

在进行三轴剪切试验之前需要对试样进行干湿循环处理。本次试样的规格将采用标准三轴试样，直径为 39.1 mm，高度为 80 mm。因 HT−3 处的土体露头较为新鲜，将采用该露头处的土样进行相关试验。首先对土体样品进行彻底烘干，进而筛选出颗粒粒径小于 2 mm 的散土，如图 6−1 所示。根据 20% 左右的含水率称取一定质量的纯净水，并与散土均匀拌和，之后密封 24 h，使水分扩散均匀。根据试样尺寸和干密度，精准称取一定质量已配好含水率的散土；之后将土料分 6 层装入饱和容器中，并分层击实使各层土料质量相等。在每层土料击实到一定程度后，再将土样表面刮毛，然后继续加第 2 层土料，如此重复进行直到结束，最后将土样固定好。

对制作好的土样依次开展 0 次、1 次、2 次、3 次、4 次干湿循环处理。试样含水率在天然含水率和饱和含水率之间循环变化；每次循环准备 8 个试样，多余试样作为备用样，以防备试验过程中试样的破坏。一次干湿循环过程包括减湿和增湿两个过程。

减湿过程：为了避免采用恒温鼓风干燥箱会导致试样因不均脱水而出现局部开裂的现象，本次试验采用自然风干减湿方案。试样放到实验台上，使其自然干燥脱水，每隔 3 h 称量一次试样质量；室内的温度为 25 ～ 35℃，湿度为 50% ～ 80%。当土样质量接近最低含水率时，停止干燥脱水，采用稍大尺寸的塑料瓶将试样装入封盖，养护 24 h 以上，使试样内外温度和含水率保持一致。

增湿过程：由于此次黏土试样较为密实，其采用滴水增湿的效果较差，耗时较长，且不易达到最高含水率。因此采用抽真空浸泡饱和法，将完成减湿过程的一组试样放入真空饱和缸中抽气 5 h 以上，之后在水中浸泡饱和 24 h。以上的过程作为一个干湿循环。

图 6-1　三轴试验过程

试验采用的三轴压缩仪器为应变控制式，型号为 TYS-500，如图 6-1 所示。可以自动测量孔隙水压力、轴向应变和应力，但不能自动测量试样的体积应变。将在 100 kPa、200 kPa、300 kPa 和 400 kPa 围压下进行不同干湿循环次数的三轴固结排水剪切试验。首先，三轴试样在给定围压下进行充分排水固结，之后在一定围压下开展三轴剪切，轴向应变速率为 0.0096 mm/min，以 20% 的轴向应变作为试验的终止条件。

将开展一维固结压缩试验，固结试样采用标准环刀试样，其规格为直径是 61.8 mm，高度为 20 mm。配制固结试样所采用的干密度、含水率同三轴试样一致。基本制样过程如下：将所取 HT-3 的土壤彻底烘干，而后根据试样尺寸和干密度，称取一定质量和含水率的散土。采用环刀制样器制作环刀试样，使用环刀框架固定试样，并抽真空饱和备用。干湿循环过程与三轴试样的干湿处理过程类似。减湿过程如图 6-2 所示，环刀试样两面用滤纸覆盖，放在框架上进行风干，当质量接近目标含水率后，放到养护缸中养护 24 h。增湿过程采用环刀框架固定试样，并抽真空浸泡，随后放到养护缸中养护 24 h。

采用三联式 GDG 高压固结仪器对不同循环次数的试样开展加卸载固结试验。加载压力依次设置为 0 kPa、25 kPa、50 kPa、100 kPa、200 kPa、300 kPa、400 kPa、800 kPa；卸载压力依次为 800 kPa、400 kPa、300 kPa、200 kPa、100 kPa、0 kPa。每一级压力的固结时间

为 24h，并检查 1h 内指针读数不再变化。为了防止长时间固结过程中试样水分的大量蒸发，用水分浸湿的棉布包裹容器，并在外层包裹一层塑料薄膜。

图 6-2　固结试验过程

（二）试验结果

不同干湿循环次数和各级围压下土体的偏应力 - 应变曲线如图 6-3 所示。根据每次干湿循环试验结果，可以看到土体的剪切强度随着围压的增加而增大。应力应变曲线没有明显的峰值，表现为应变硬化现象，且干湿循环作用没有影响土样的应力 - 应变曲线类型。由于重塑土样是正常固结土样，其应力 - 应变关系曲线本身会呈现出硬化型。对同一种类型的土体，土样的应力 - 应变曲线类型主要取决于土样密度和受应力历史影响的孔隙比分布；当土样为致密结构或者超固结类型时，应力 - 应变曲线类型多为应变软化型。

为了直观地展示不同干湿循环次数对土样剪切强度的影响，将相同围压下不同干湿循环次数的应力 - 应变结果绘制在一起。如图 6-4 所示，可以看到在各级围压条件下应力 - 应变曲线随着干湿循环次数的增加表现为明显的下降趋势，剪切强度也是随着干湿循环次数的增加而下降。在 100 kPa 围压下 4 次干湿循环过程使得 15% 轴向应变处的剪切强度降低了约 50 kPa；200 kPa 下降低了约 75 kPa；300 kPa 下降低了约 100 kPa；400 kPa 下降低了约 80 kPa。由于曲线没有明显的峰值（拐点），采用 15% 轴向应变的偏应力来计算土样的抗剪强度参数 φ 和 c。对应于 0、1、2、3、4 次循环的黏聚力 c 分别为 42 kPa、40 kPa、41 kPa、32 kPa、33 kPa，内摩擦角 φ 则分别为 23.8°、22°、21.3°、21.5°、21°。可以看到抗剪强度参数随着干湿循环次数的增加具有明显下降的趋势，这种下降趋势随着循环次数的增加而逐渐稳定，另外 c 受干湿循环弱化的下降幅度要明显大于 φ 的，相似的研究结果可以在黄土、膨胀土和黏土的干湿循环试验结果中找到 [1-4]。

干湿循环造成土体宏观剪切强度的退化是土体微观结构变化引起的。内摩擦角主要与

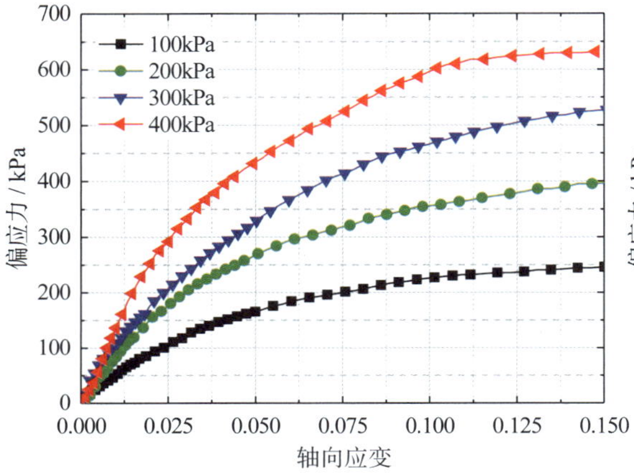

（a）0 次循环

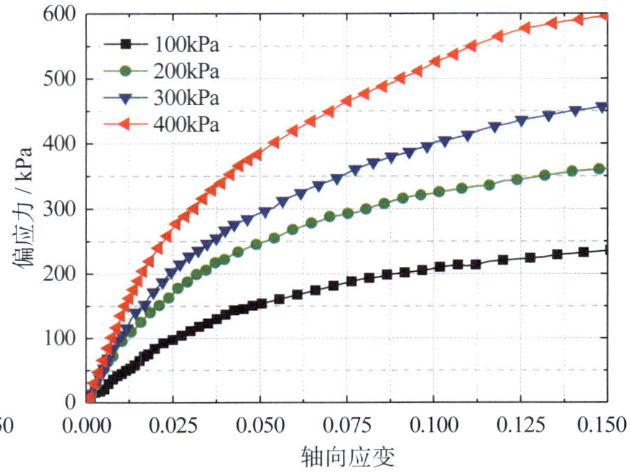

（b）1 次循环

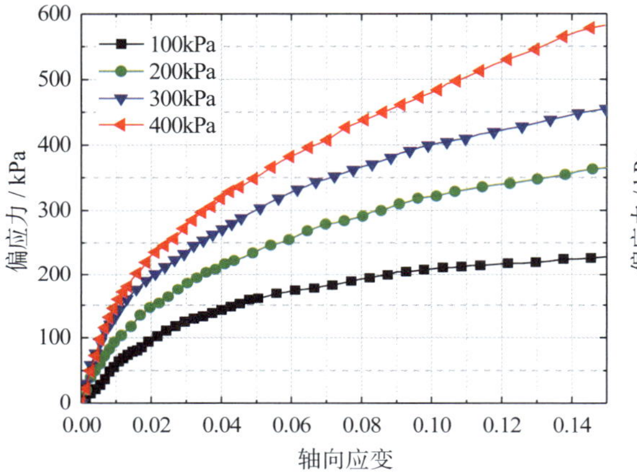

（c）2 次循环

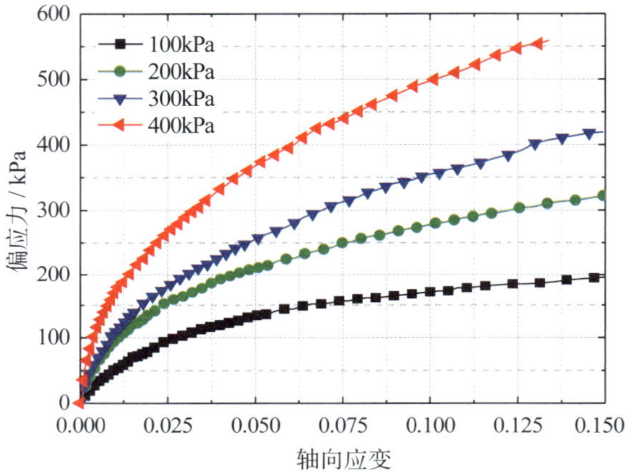

（d）3 次循环

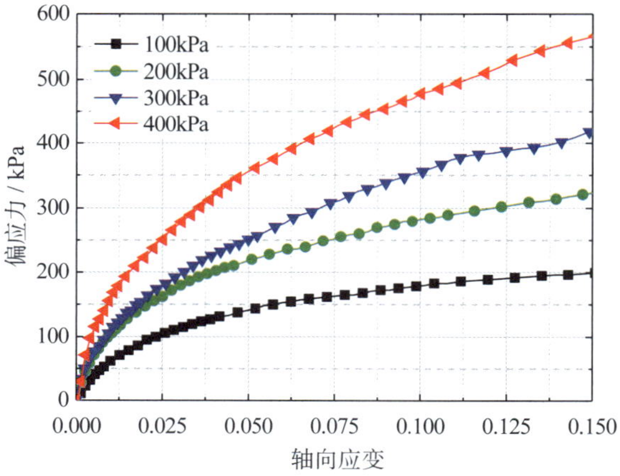

（e）4 次循环

图 6-3　不同干湿循环次数下土样的应力应变曲线结果

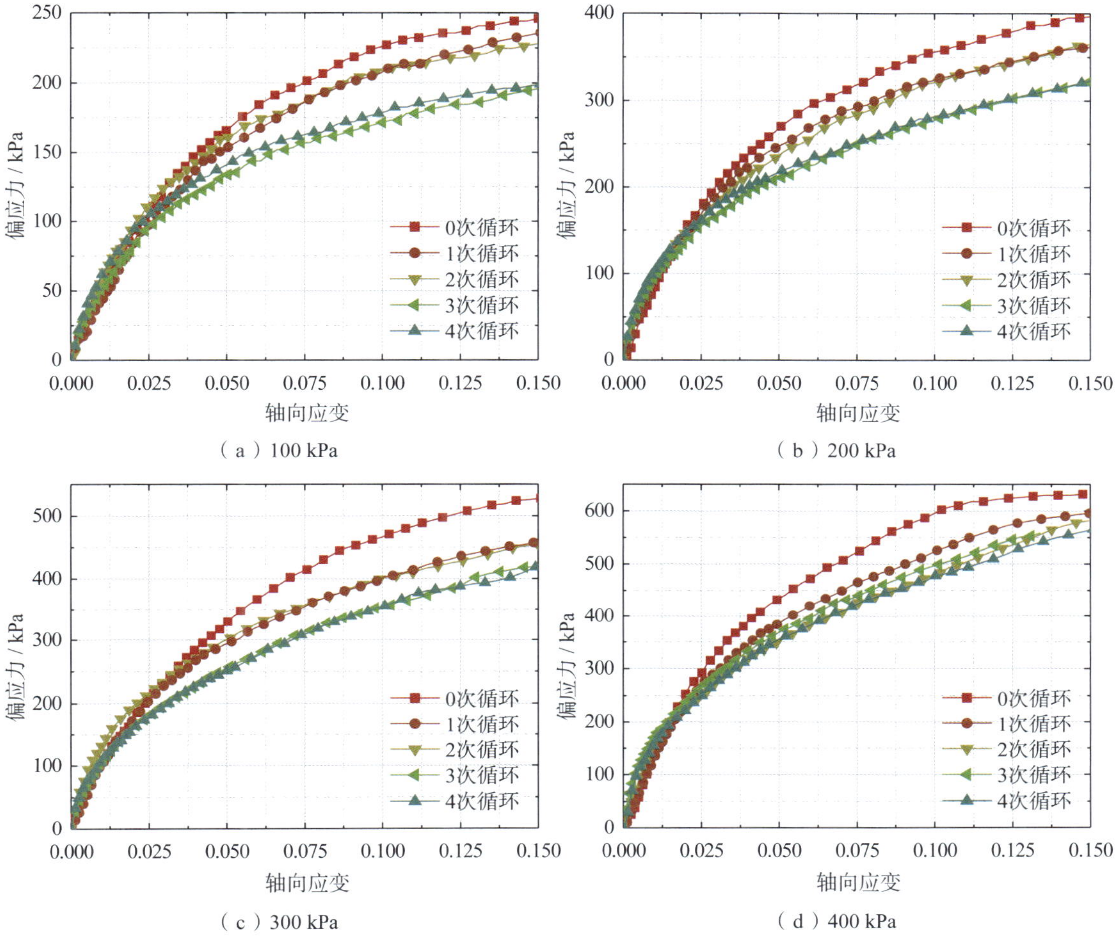

图 6-4　相同围压下不同干湿循环次数对土样应力应变曲线的影响

土体颗粒的粒径、形状相关，不断变化的含水量会引起颗粒的磨损和碎裂，从而会造成土体内摩擦角的弱化[1, 4]。关于土体黏聚力，它的变化主要由吸附强度来控制，这种吸附强度很大程度上取决于土壤的孔隙特性。研究表明基质吸力和毛细管压力随着孔隙数的增加而降低。为了研究干湿循环对土壤微观和宏观结构的影响，许多研究人员通过数码相机、X射线扫描试验、水银入侵孔隙试验和扫描电子显微镜试验等手段探究了不同干湿循环次数下土体结构的变化规律[1, 4]。他们发现裂缝和孔隙的数量以及其连通性常随着干湿循环次数的增加而扩大，此外角状颗粒数量和颗粒间接触程度逐渐减少。

（三）干湿循环影响下土体的固结压缩特性

不同干湿循环次数下土体的轴向压力－孔隙比变化曲线如图 6-5 所示，固结试验中土样的初始孔隙比为 0.48 左右。在加载阶段，可以明显看到曲线较陡部分的斜率随着干湿循环次数的增加而增加，而卸载部分的曲线斜率变化并不明显。为了定量化的分析干湿循环

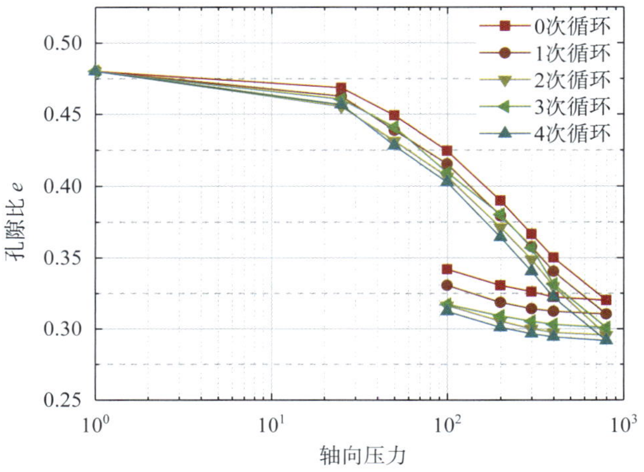

图 6-5　不同干湿循环次数下土体的孔隙比和压力变化曲线

对压缩特性的影响，采用压缩指数来衡量。0 次、1 次、2 次、3 次、4 次循环下土体的压缩指数分别为 0.11、0.13、0.14、0.16 和 0.14。相对应于加载曲线的斜率变化，压缩指数随着干湿循环次数的增加具有增大的趋势。

土样在外力作用下的体积变化和土体微观结构的改变关系密切，微观结构可以包括颗粒的排列、分布和孔隙的连通程度等[1]。因此干湿循环作用下压缩特性的变化受孔隙影响显著。正如之前所述，随着干湿循环的逐步开展，土体中裂缝、孔隙的数量和连通程度趋于增加，这将使得土体在同样压力条件下更容易塌陷，从而导致更高的压缩性。

二、干湿循环下土体时变本构模型

干湿循环作用下塘角滑坡土体的剪切强度和压缩特性表现为弱化的时变特征。不同干湿循环次数下土体的固结排水剪切试验和固结试验结果可以为 Mašín 亚塑性黏土本构模型的参数验证提供基础数据。亚塑性黏土本构模型需要评估的参数有 φ、λ^*、N、κ^*、c 和 υ。其中 c 和 φ 为抗剪强度参数，主要反映剪切强度的变化。λ^* 和 N 分别表征固结试验中加载曲线的斜率和位置，与压缩指数有较高的相关性。κ^* 不仅控制着卸载曲线斜率还反映了本构模型的非线性特征。υ 可以反应初始刚度的大小。因此可以判断参数 φ、c、λ^*、N 与剪切强度和压缩特性紧密相关，这些参数受干湿循环影响显著。经过本构模型参数的评估，不同干湿循环次数下本构模型参数的结果见表 6-1。κ^* 和 υ 在干湿循环影响下变化并不显著，它们的值分别为 0.01 和 0.3。

为了检验时变模型参数的预测效果，将采用亚塑性黏土本构模型来预测不同干湿循环次数下土体的剪切和压缩行为。基于已验证的模型参数，在 MATLAB 平台上开展土体的三轴排水剪切试验和一维固结试验模拟。由于土体处于正常固结状态，为此土体的初始孔

表 6-1　不同干湿循环次数下本构模型参数

模型参数		φ / (°)	c / kPa	λ^*	N
循环次数	0	23.8	42	0.064	0.7
	1	22	40	0.068	0.72
	2	21.3	41	0.070	0.73
	3	21.5	32	0.072	0.74
	4	21	33	0.072	0.73

隙比采用超固结比等于 1 的设置。不同干湿循环次数下三轴试验结果如图 6-6 所示，可以看到大多数围压条件下偏应力 - 轴向应变的试验曲线和模拟曲线接近重合，亚塑性黏土本构模型的三轴模拟结果是可接受的。不同干湿循环次数下一维固结试验结果如图 6-7 所示，虽然存在一些曲线与试验点间的偏差，但是可以看到时变亚塑性本构模型可以在一定程度上再现不同干湿循环次数下土体的压力和孔隙变化行为。

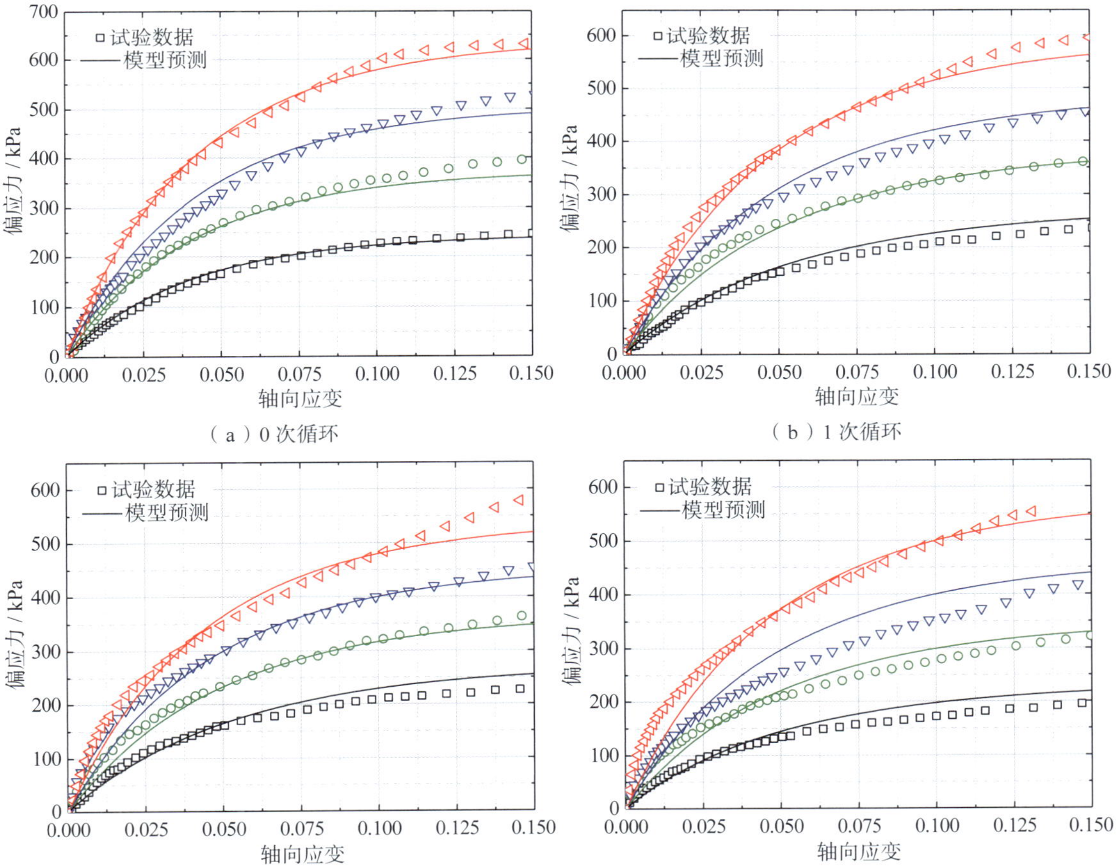

（a）0 次循环　（b）1 次循环

（c）2 次循环　（d）3 次循环

图 6-6　不同干湿循环次数下亚塑性本构模型的三轴试验预测结果

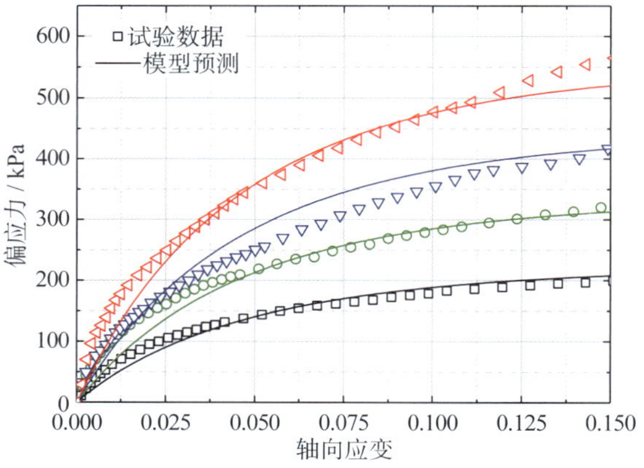

（e）4 次循环

图 6-6　不同干湿循环次数下亚塑性本构模型的三轴试验预测结果（续）

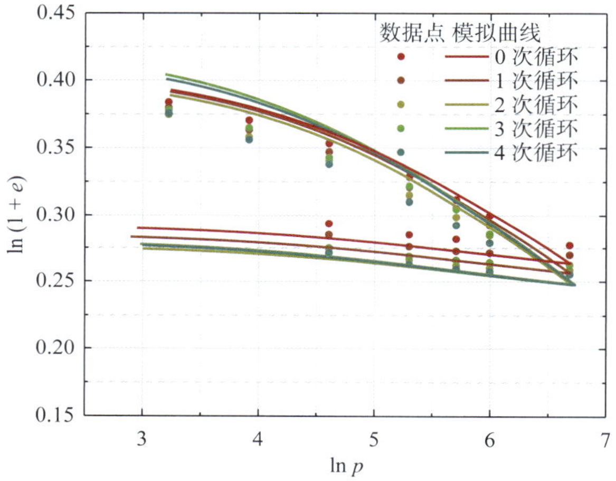

图 6-7　不同干湿循环次数下亚塑性本构模型的一维固结试验预测结果

为了建立模型参数和干湿循环次数之间规律变化的时变模型，将其结果绘制如图 6-8 所示。可以看出 c 和 φ 呈现出明显的下降趋势，而参数 λ^* 和 N 呈现出上升趋势。这些变化趋势与干湿循环次数下抗剪强度参数和压缩指数的变化趋势相一致。采用式（6-1）的指数函数模型来拟合 c、φ、λ^*、N 的变化趋势。指数函数常用来表征干湿循环影响下土性的变化规律，其能合理地捕捉参数后期的平稳趋势，可表达为

$$\psi(N_{\mathrm{DW}}) = \psi_0 * \left(\frac{1+\alpha \cdot \exp(-\beta N_{\mathrm{DW}})}{1+\alpha}\right) \tag{6-1}$$

式中：$\psi(N_{\mathrm{DW}})$ 为土体经过 N_{DW} 次干湿循环后的参数；ψ_0 为未经历过干湿循环作用的参数；α 和 β 分别为指数函数的拟合参数。拟合参数结果见表 6-2，拟合曲线如图 6-8 所示。曲线变化和拟合优度数值表明了指数函数可以较好地模拟参数的变化趋势。

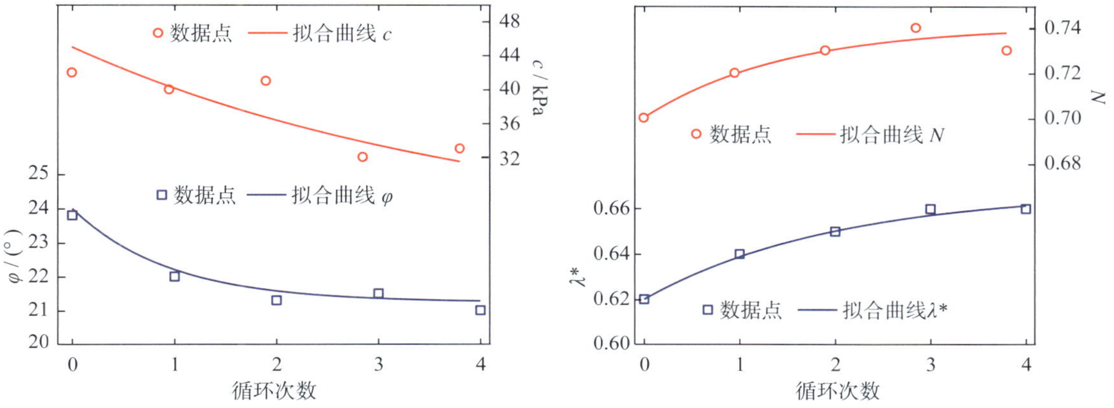

图 6-8　干湿循环作用下参数的变化趋势

表 6-2　指数函数的拟合参数

参数	φ / (°)	c / kPa	λ^*	N
ψ_0	23.8	45	0.064	0.7
α	0.13	1.0	−0.13	−0.055
β	1.05	0.23	0.5	0.65
R^2	0.95	0.72	0.98	0.91

第二节　基于时变亚塑性本构模型的塘角滑坡长期稳定性评价

在滑坡数值模型中划定了岩土体参数的弱化区域，为图 6-9 所示滑坡体中的蓝色部分，高程为 145 ~ 175 m。该区域的岩土体参数随着干湿循环次数的增加而改变，图 6-9 中橘黄色区域是未受到库水波动影响的滑坡区域，采用 0 次干湿循环作用下的土体参数，该区域参数不随模拟时间的改变而变化。ABAQUS FIELD 子程序可用来定义库水波动区和非波动区，基于参数的式（6-1）和表 6-2 中的拟合参数，c、φ、λ^*、N 会随着干湿循环次数的增加而改变，而 κ^* 和 υ 保持不变。土体的干密度和土水特征曲线设置不变，渗透系数为 0.2 m/d。有限元模型网格、位移约束、库水和降水边界设置区域与之前的一致。本次模拟采用 2010 年 6 月 1 日至 2016 年 6 月 1 日的降水和库水位变化，如图 6-10 示，为了方便库水位模拟，采用简单的线性分段函数来描述库水位变化；对于六次运行的库水位变化，N_{DW} 分别为 1、2、3、4、5、6 个干湿循环。将考虑干湿循环影响的模型命名为 Cycle 模型，而未考虑干湿循环影响的模型命名为 No-cycle 模型。

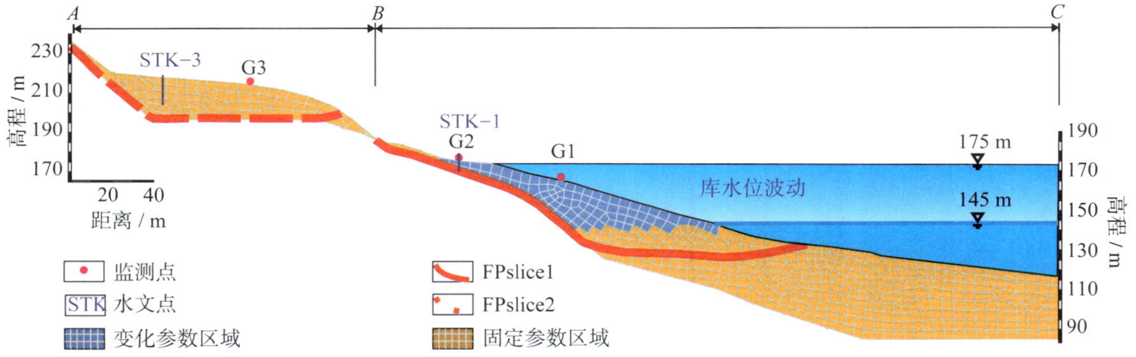

图 6−9　库水波动区域定义

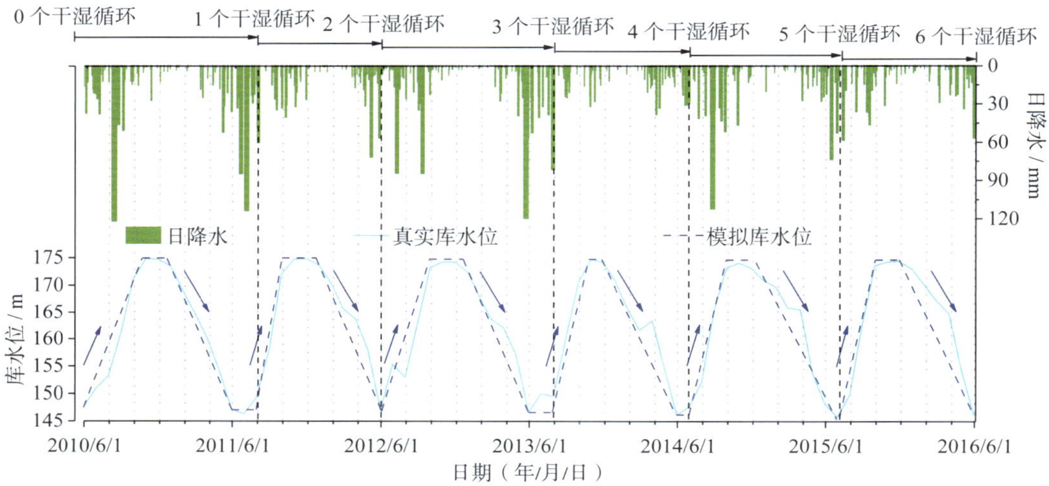

图 6−10　库水与降水模拟条件

滑坡的初始应力场采用弹性模量为 100 MPa 和泊松比为 0.35 的弹性材料在重力荷载下生成，之后通过 ODB 文件导入初始应力场，土体的超固结比设为 1。最终生成滑坡的初始孔隙比如图 6−11 所示，可以看出土体初始孔隙比从坡表沿深度方向逐渐减小。不同于摩尔库仑弹塑性本构，亚塑性本构模型从初始状态即可考虑与空间位置相关的土体孔隙变化。在 145 ~ 175 m 的库水位升降过程中，滑坡不同时刻的地下水位和孔压分布情况如图 6−12 所示，可以注意到地下水位的升降滞后于外部库水边界的变化。

根据塘角 FP 滑坡体的水文地质条件和变形破坏特征，基岩在剖面中的 *B* 点出露。滑动体 *AB* 和 *BC* 之间仅存在水力联系的可能，因此 FP 滑坡体的变形和稳定性分析可从滑坡体 *AB* 和滑坡体 *BC* 两部分进行研究。同时基于已有滑面 FPSlice1 和 FPSlice2，分别计算 No−cycle 模型和 Cycle 模型中两个滑坡体的稳定系数。由于库水位变化时刻是滑坡稳定性的关键时间点，分别计算 2010 年 6 月 1 日到 2016 年 6 月 1 日中库水位线转折时的滑坡体 F_S。为了探究滑坡的长期变形特征，采用图 6−9 所示的三个地表监测点来研究 No−cycle 模型和 Cycle 模型中滑坡位移的时空变化情况。其中监测点 G1 和 G2 位于滑坡体 *BC* 上，监测点 G3 位于滑坡体 *AB* 的前中部。

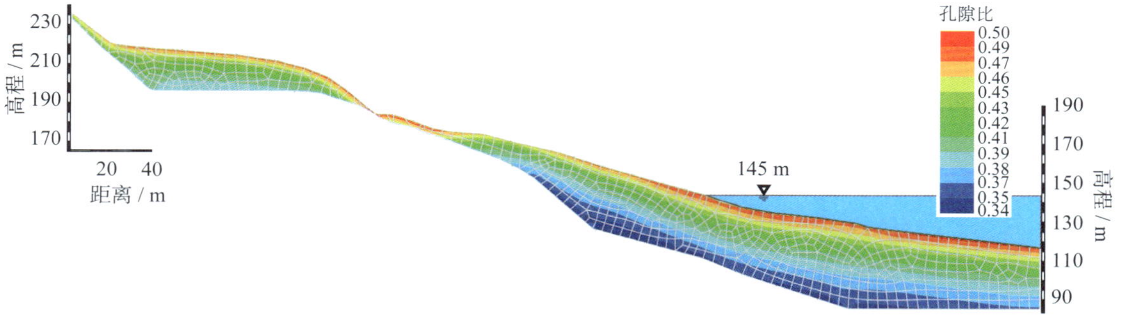

图 6-11　滑坡初始孔隙比分布

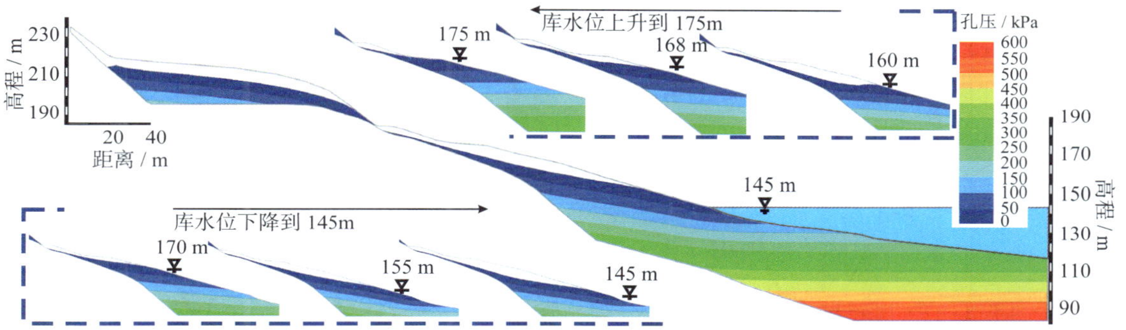

图 6-12　库水位升降过程中滑坡的孔压和地下水位分布

一、干湿循环弱化对滑坡长期稳定性的影响

图 6-13 显示了 No-cycle 和 Cycle 模型中滑坡体 *AB* 和 *BC* 稳定系数 F_S 随时间的变化曲线。可以看到对于靠近库水区域滑坡体 *BC* 的稳定性，No-cycle 和 Cycle 模型的 F_S 变化呈现出随库水位波动的趋势。即随着库水位的上升而增加，而在水位下降后 F_S 减小。为了分析滑坡稳定性与地下水位的关系，将数值模型 STK-1 处的地下水位绘制到图 6-13（a）中。可以看到 STK-1 的水位变化与库水位变化和滑坡体 *BC* 的 F_S 变化趋势相似，另外数值模拟水位在真实监测范围之内。

库岸滑坡的稳定性与滑坡地下水位、静水压力和渗流压力密切相关[5, 6]。在水库蓄水期间，会形成指向坡体内部的渗流压力，以及增加了垂直于滑坡表面的静水压力，从而提高了滑坡的稳定性。反之，随着库水位的下降，静水压力会减少，并且滑坡体由于低渗透性而产生指向外部的渗流压力，这不利于滑坡的稳定性。此外，在库水位不变的情况下，降水会显著影响滑坡体的稳定性，滑坡体的 F_S 会随着地下水的排泄和渗流压力的消散而增加。从图 6-13（b）可以看出，在一次完整的库水运行周期内，滑坡体 *BC* 较小的 F_S 常发生在库水位下降到 145 m 附近时，且伴随有强降水发生。整个模拟过程中，Cycle 和 No-cycle 模型最低的滑坡 F_S 分别为 1.187 和 1.209。

滑坡体 *AB* 的稳定性如图 6-13（c）所示，两个模型的 F_S 变化与降水量关系密切。在连续强降水之后，最小的 F_S 为 1.329。从 STK-3 处地下水位与降水的关系曲线中可以看出，持续的强降水会显著地抬高滑坡地下水位，增加水压和土壤重力，这对滑坡的稳定性是不利的。值得注意的是，滑坡稳定性的改变滞后于降水的发生。

干湿循环弱化对滑坡体稳定性的影响如图 6-13（d）所示。对于靠近库水区域的滑坡

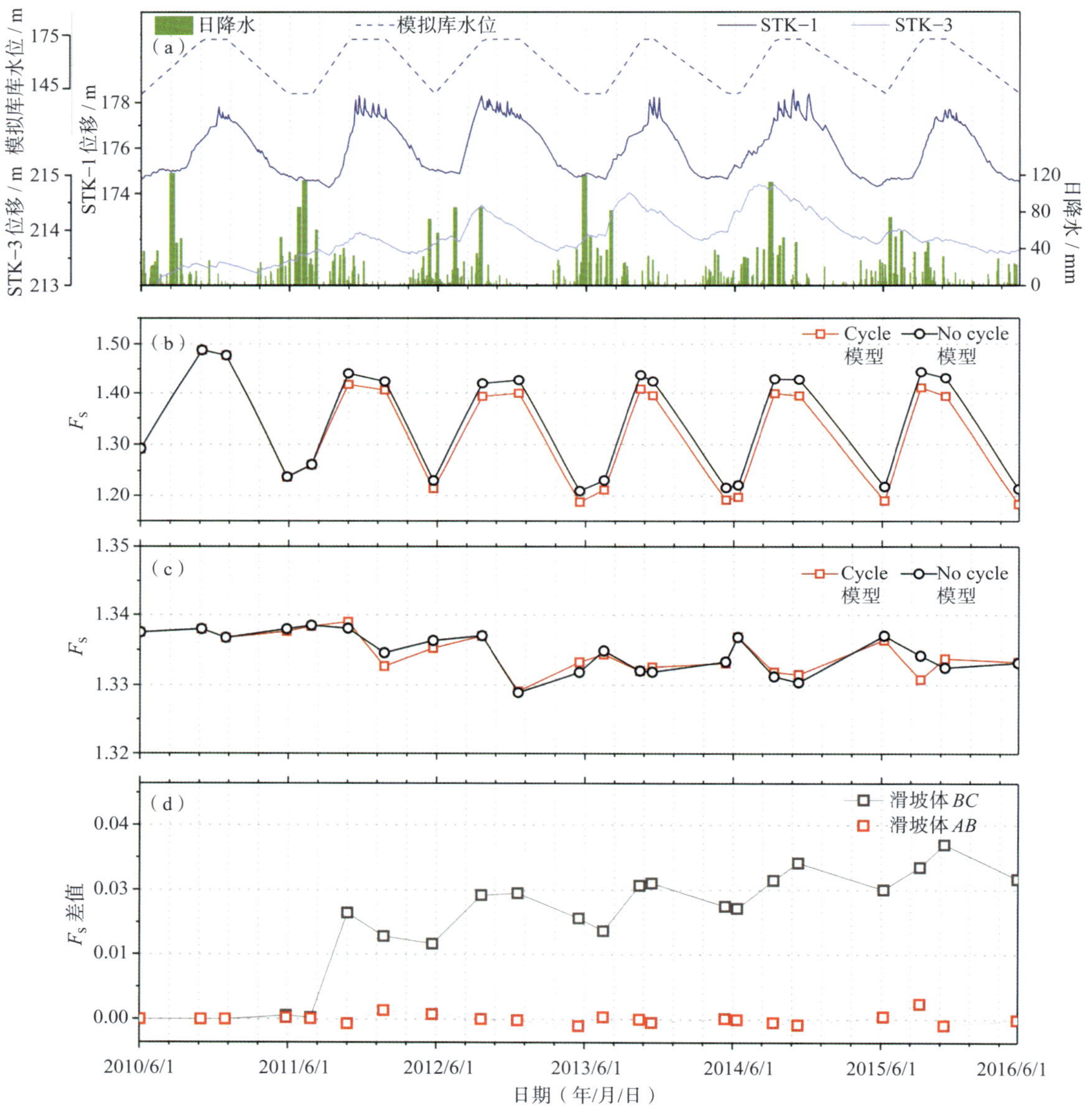

图 6-13　不同滑坡体的长期稳定性

体 BC，在第一次水库运行周期（一个干湿循环周期）之后，Cycle 模型的滑坡 F_S 开始下降。并且与 No-cycle 模型之间的 F_S 差值随着干湿循环次数的增加而逐渐增大，F_S 的最大差异为 0.038，出现在最后一个干湿循环周期。而对于滑坡体 AB 的稳定系数，在大多数时间点上 Cycle 模型的 F_S 与 No-cycle 模型的 F_S 相同，即库水波动带的干湿循环弱化对滑坡体 AB 稳定性的影响可以忽略不计。

二、干湿循环弱化对滑坡长期变形的影响

为了分析滑坡体 BC 的变形情况，如图 6-14 所示，绘制了两个模型中监测点 G1 和 G2 的水平位移变化曲线。可以看到在库水和降水的综合影响下，Cycle 和 No-cycle 模型基本上具有相同的位移趋势，即 G1 和 G2 的位移受库水位波动影响呈周期性变化。当库水位上升时，滑坡体具有指向坡面内部的位移趋势；当库水位下降时，位移则指向外部，这种变形趋势可以用影响滑坡稳定性的因素（地下水位、水力的变化）来解释。此外，可以预料到 Cycle 模型的位移变形要比 No-cycle 模型的大，两个模型之间的位移差异随着干湿循环次数的增加而趋于增大。在整个水力模拟周期内，G1 和 G2 的最大位移差值分别为 190 mm 和 20 mm，其中 G1 离库水波动带较近，该区域的位移差异更明显。

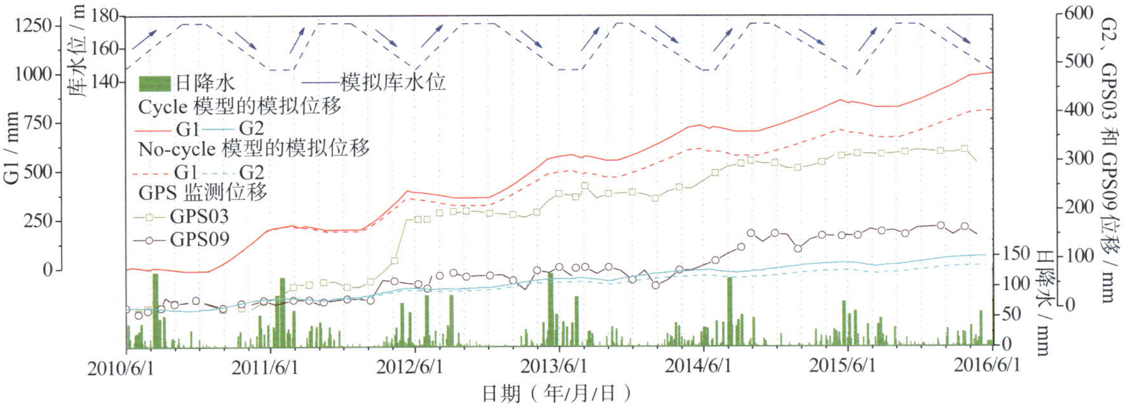

图 6-14 G1、G2、GPS03 和 GPS09 的滑坡地表位移

为了比较数值模拟位移和实际滑坡位移的差别，选择滑坡前缘受库水位波动影响的两个监测点 GPS03 和 GPS09，如图 6-15 所示。需要注意的是考虑到 GPS6 监测点附近的累计位移量超过 20000 mm，该区域已发生严重的破坏而无法提供有价值的参考，因此这里没有选用距离最近的 GPS6 监测点。通过对位移曲线的比较分析，可以看出 GPS 监测位移（GPS03 和 GPS09）与模拟监测位移（G1 和 G2）具有相似的变化趋势。而 GPS 监测位移的幅度与模拟位移的幅度是不同的，这可能由于本次模拟使用的降水数据是属于万州城区，因而与实际滑坡区域的降水有所差异，以及采用的模拟剖面距离 GPS03 和 GPS09 监测点较远。

对于滑坡体 *AB* 的位移变形，将 G3 监测点处两个模型的位移绘制到图 6–15 中。可以看出模拟位移是逐渐增加的，且持续的强降水会使得位移显著增加，而库水位变化对 G3 处的位移影响不大。从 STK–3 处的地下水变化可以看出 G3 附近的地下水位受库水位波动的影响较小，降水是影响滑坡体 *AB* 变形的主要因素。此外，将 GPS04 和 GPS05 监测点的累积位移也绘制在图 6–15 中。尽管这两个监测点位于滑坡中后部，且距离模拟剖面较远，但考虑到相同的台阶地形和降水为主的变形影响因素，可以用这两个监测点进行初步分析。可以看出，G3 点的位移幅度位于两个 GPS 监测点的位移幅度之间，且模拟位移趋势与 GPS 监测位移的接近。综上所述，从 G1、G2、G3 两个模型的位移情况来看，参数干湿循环弱化对滑坡变形的影响主要体现在位移大小上，Cycle 模型的位移比 No–cycle 模型的大，而干湿循环对滑坡体 *AB* 的变形影响较小。

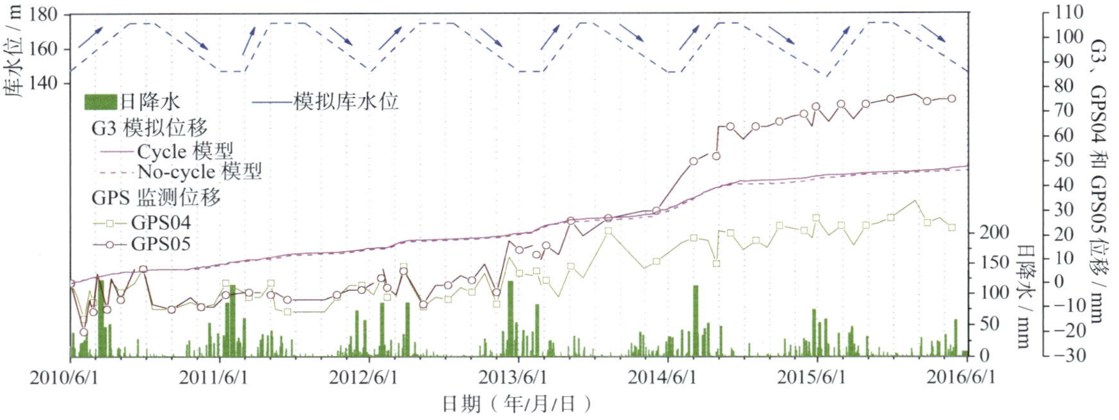

图 6–15　G3、GPS04 和 GPS05 的滑坡地表位移

为了从整体上研究滑坡的变形特征，图 6–16 给出了模拟结束时滑坡体的最大应变和总位移云图。由总位移的分布可以看出，数值模拟较好地预测了由滑面 FPSlice1 和 FPSlice2 圈定的主要变形体。其中滑坡体 *BC* 部分的主要变形分布为 150 ~ 175 m 区域，该区域明显受到库水位的波动影响。最大应变云图表明滑带始于滑坡体 *BC* 后部。对于滑坡体 *AB*，受降水入渗的影响，主要位移变形分布在坡表上，应变区域主要出现在滑坡体 *AB* 的前部和后部。由滑坡的现场地质调查可知，在接近河岸附近区域 [图 6–16（c）]、滑坡体 *AB* 的前部和后部 [（图 6–16（d)、(e）] 出现了一些局部浅层滑塌。总的来说，采用亚塑性本构建立的数值模型能够恰当地预测滑坡的实际变形。

为了研究亚塑性黏土本构模型和摩尔库仑弹塑性本构模型在模拟库岸滑坡变形上的差异，采用摩尔库仑弹塑性本构模型开展降水和一个库水运行周期下的 FP 滑坡体模拟。时间开始于 2010 年 6 月 1 日，摩尔库仑模型采用 20 MPa 的弹性模量、0.25 的泊松比和 0 次干湿循环的黏土抗剪强度参数。上一节的分析表明 G1 和 G3 的位移分别受到库水和降水的影

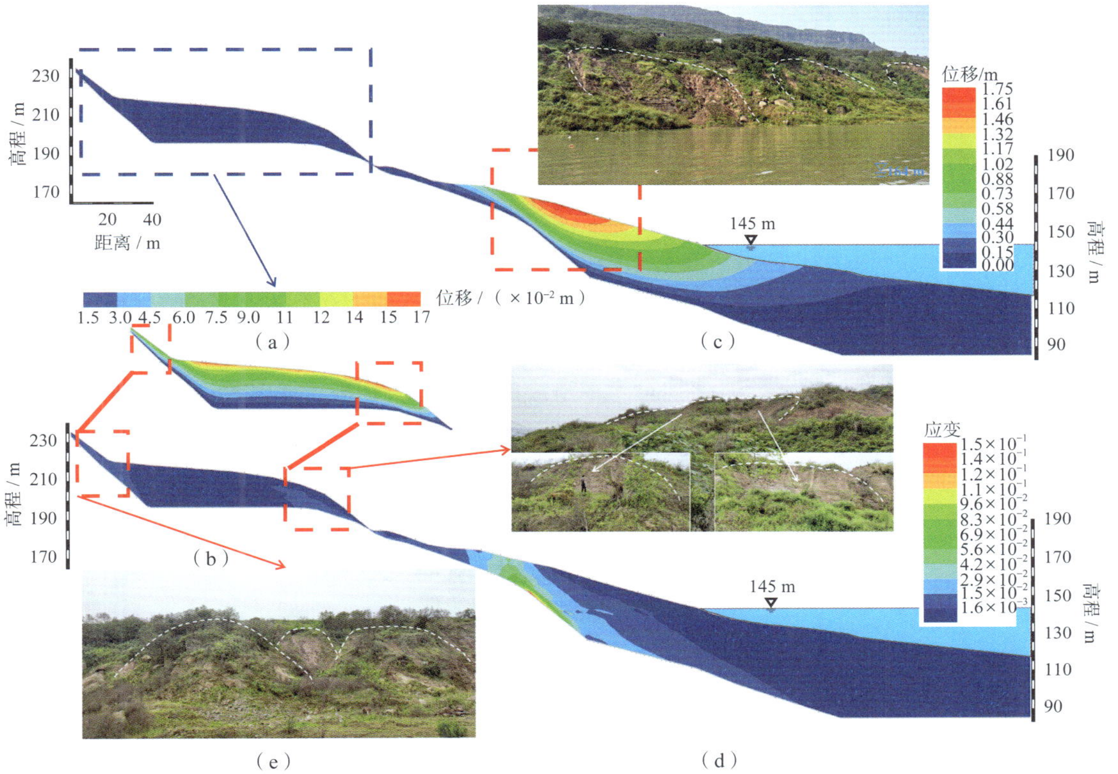

图 6-16　模拟结束时滑坡总位移、最大应变云图以及局部滑塌图片

响，因此，可以采用 G1 和 G3 监测点处的滑坡位移来探究两个模型分别在库水和降水影响下的变形差异。位移曲线变化如图 6-17 所示，相比于亚塑性模型，库水位上升时摩尔库仑

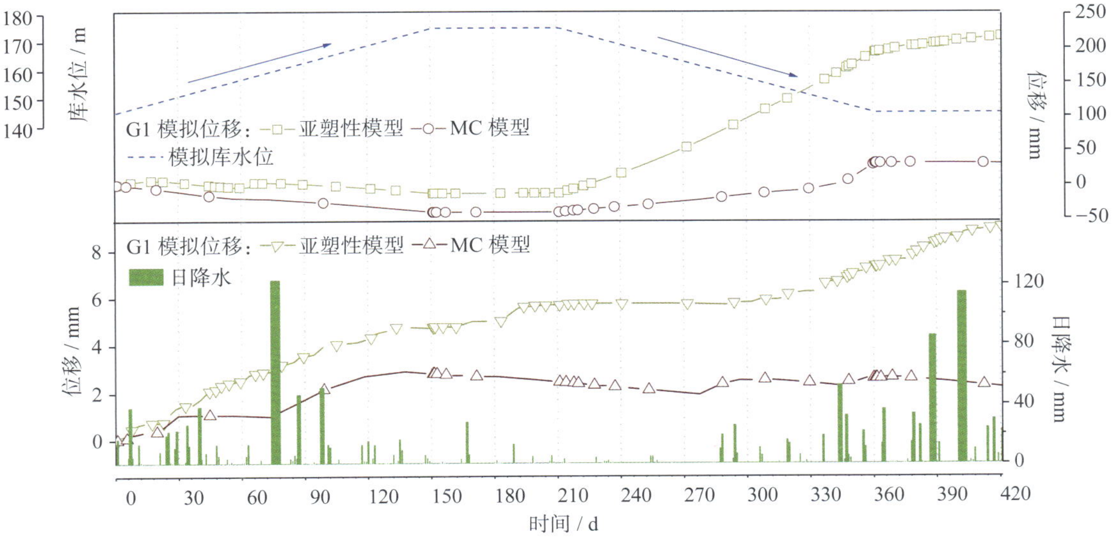

图 6-17　亚塑性黏土本构模型和摩尔库仑弹塑性本构模型中的 G1 和 G3 位移

弹塑性模型中的 G1 点具有更大的指向滑坡内部的位移；且当水位下降时，其位移反弹也比亚塑性模型的大。另一方面，与亚塑性模型中 G3 点的位移相比，摩尔库仑弹塑性模型在降水量减少时也表现出较大的负位移，而且滑坡体的累积位移较小。

在三峡库区每年的蓄水和排水过程中，库岸滑坡处于静水压力与重力的循环加卸载之中，因此可以合理地将库水位的周期性波动视为一种循环加卸载行为。由第二章内容可知，亚塑性模型可以捕捉循环加卸载行为，从而预测到由加卸载引起的累积应变[7]。考虑了增量非线性行为的亚塑性模型中含有可以反映加卸载的参数 λ^*、N 和 κ^*，然而摩尔库仑弹塑性本构模型没有考虑加卸载参数。当处于屈服面以内的应力状态时，摩尔库仑弹塑性模型表现出完全弹性的应变反应，因此其对库岸滑坡的位移预测一般都不理想。

第三节　基于岩土体参数时空变异的塘角滑坡稳定性概率分析

根据库岸滑坡时空变异模型的建立步骤，首先构建饱和渗透系数和抗剪强度参数的空间变异模型。FP 滑坡体渗透系数空间变异性模型的构建采用第六章中地下水位反演得到的统计特征参数（表 5-6），而抗剪强度参数的随机场模型采用天然固结快剪的抗剪强度参数统计结果（表 5-3）。黏聚力和摩擦角均值分别为 35 kPa 和 16.5°，标准差都为 4，水平和垂直波动范围分别为 40 m 和 2 m。其次库水波动区域参数的时变弱化设置与第二节的相同，此次数值模型的模拟边界、干密度、土水特征曲线数据和初始应力场等也保持不变。

最后将开展 1000 次 6 年时间的塘角滑坡水力耦合模拟。在矢量和法亚塑性数值边坡稳定系数计算框架下，批量提取不同时刻滑面节点应力和单元材料参数，计算不同时刻已知滑面的滑坡体稳定性系数，统计滑坡的稳定性概率或可靠度指标。批量提取空间位移、应变和孔压等信息，统计信息的变异特征，如均值、置信区间分位数、最值、标准差等，进而获取滑坡的变形分布规律。

一、滑坡长期变形的概率分析结果

G1、G2 和 G3 测点的水平位移结果可用来分析滑坡的长期变形特征。G1 和 G2 点的水平位移如图 6-18 所示，采用由 97.5% 和 2.5% 分位数组成的 95% 置信区间以及均值曲线来描述随机场模型变形的概率特征。同时将确定性模型和相近位置 GPS 测点的位移也绘制到图中。可以看到随机场模型和确定性模型的位移与库水位具有相同的变化趋势，两个 GPS 监测点的位移也表现为随库水波动的变化规律。滑坡的水平位移表现为“阶跃式”，这是三峡库区中库岸滑坡一种典型的位移表现形式[8]。

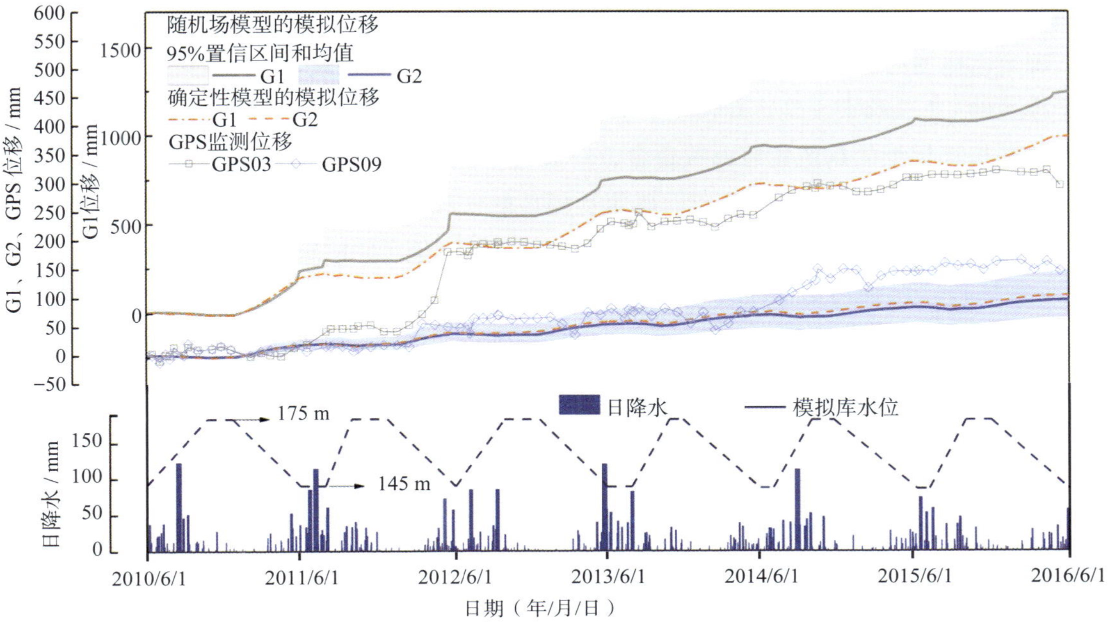

图 6-18　G1 和 G2 点的水平位移变化区间

两个模型中 G3 点的水平位移如图 6-19 所示。两个模型的位移变化趋势与库水位无明显关联，反而受降水影响显著，表现为在强降水期间小幅度上升。确定性模型与随机场模型的位移变化趋势基本相同。确定性模型位移曲线处于随机场模型的位移置信区间内，同时在模拟结束时刻，GPS 监测点的位移幅值也基本位于随机场模型的位移置信区间内。

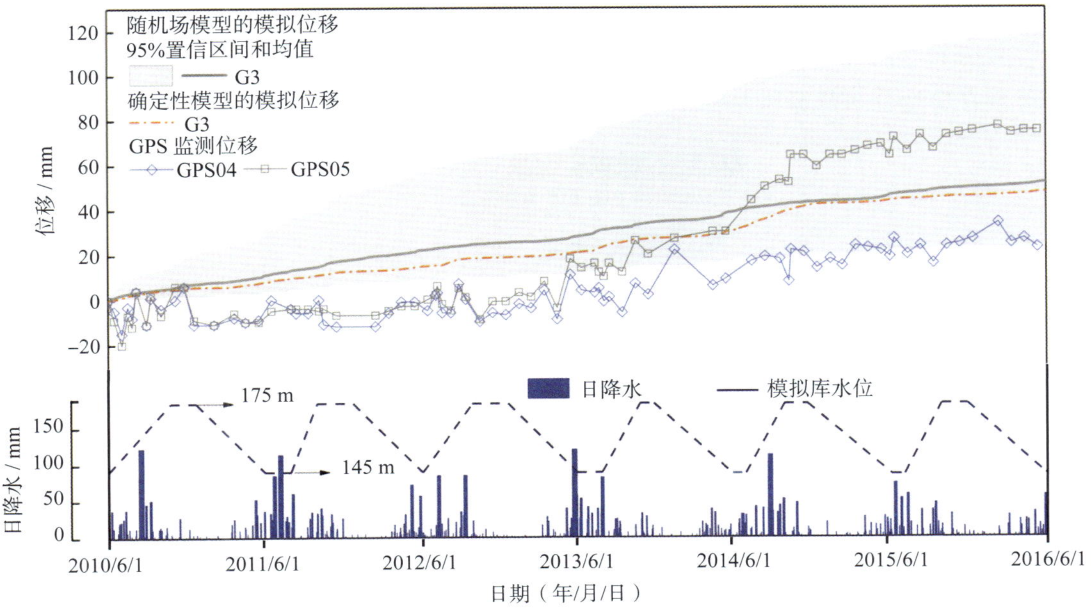

图 6-19　G3 点的水平位移变化区间

确定性模型与随机场模型的位移差异主要体现在幅度上。对于靠近库水波动带的G1点，确定性模型的位移曲线基本与随机场模型的2.5%位移曲线重合，这说明97.5%的空间变异模型的G1位移大于确定性模型的对应处位移。而对于G2点，确定性模型的位移曲线基本与随机场模型的均值位移曲线重合，有大约一半的空间变异模型位移大于确定性模型位移。对于位于滑坡后缘的G3点，确定性模型的位移曲线略低于随机场模型的均值位移曲线。另一方面，对于随机场模型的不同测点，位移置信区间的宽度随着模拟时间而增大，G1、G2和G3点的最大区间宽度分别为724 mm、81 mm和96 mm；然而随着模拟时间的增加，三个测点的位移变异系数趋于不变，分别为0.15、0.22和0.45。

为了从宏观角度来分析空间变异模型和确定性模型之间的变形破坏差异，提取了模拟结束时刻随机场所有模型的节点水平位移和单元最大平面应变，分别计算每个节点位移和单元应变的均值以及2.5%和97.5%分位数。绘制成位移场云图和单元应变云图，如图6–20和图6–21所示，同时也给出了确定性模型的位移和应变分布图。为了能够清楚地比较模型之间的差异，位移和应变云图均采用一个图例。为了清楚展现滑坡后缘的位移空间分布，后缘采用了一个单独的图例。

由位移云图可知，FP滑坡体的主要变形区域仍然集中在库水波动带。库水波动造成的力效应影响明显，当位移变形处于较小的情况时［图6–20（a）］，滑坡后缘的主要变形区域分布在前部临空面附近以及后缘陡坡。当位移变形处于较大的情况时［图6–20（b）］，滑坡后缘的主要变形区域转移到前部临空面附近。综合所有的子图，降水对滑坡后缘的变形影响主要集中在浅表，这和滑坡现场勘察所查明的滑塌位置相符合。与滑坡位移变形主要区域相对应的是滑坡体剪切应变的分布，滑坡的平面应变空间分布如图6–21所示，看出剪切应变主要分布在滑坡基覆界面附近。纵观确定性模型和随机场模型的统计应变云图，差异主要体现在应变分布范围和大小，分布区域沿着滑面逐渐扩展。

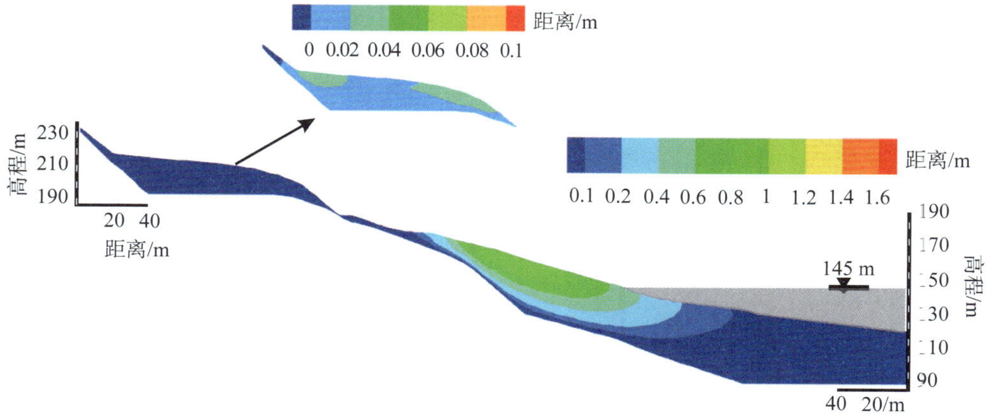

（a）2.5%位移

图6–20 随机场模型和确定性模型在模拟结束时刻的水平累计位移

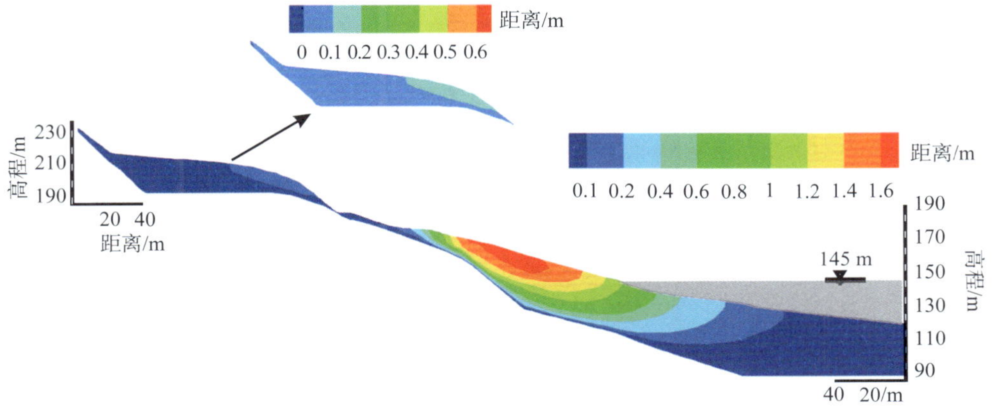

（b）97.5% 位移

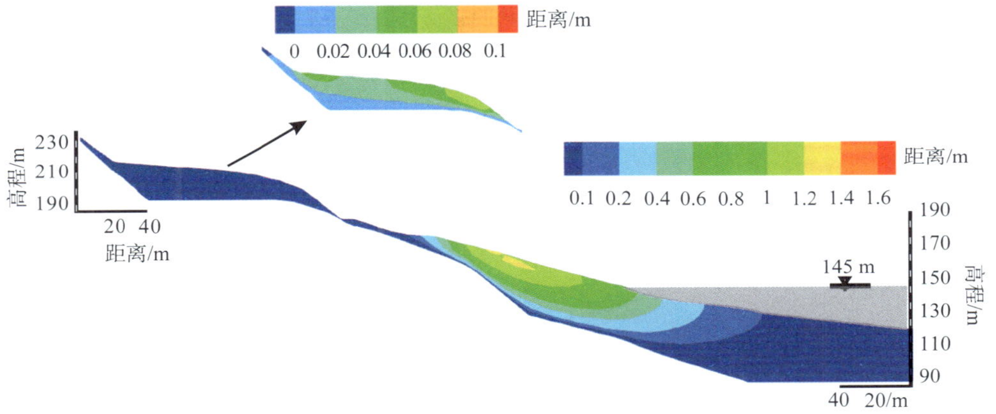

（c）均值

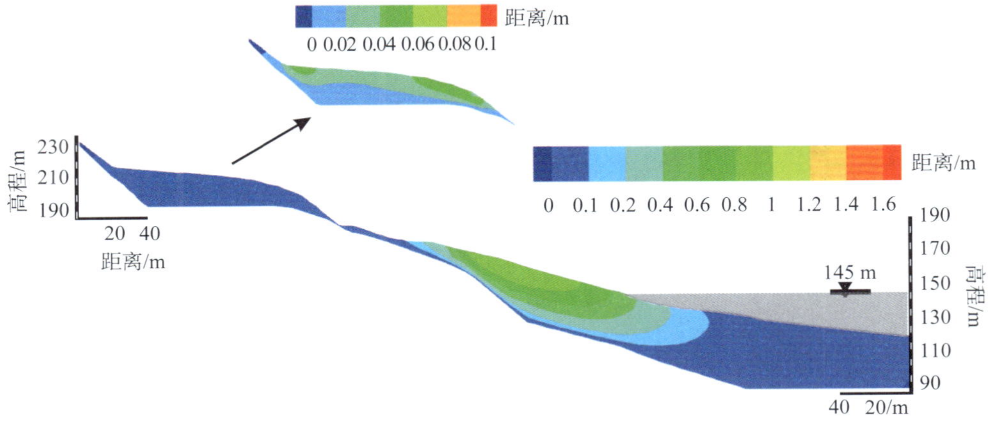

（d）确定性模型

图 6-20　随机场模型和确定性模型在模拟结束时刻的水平累计位移（续）

通过比较确定性模型和随机场模型不同统计特征云图的分布区域和范围大小，表明降水和库水作用对空间变异模型和确定性模型的影响相同。两个模型有着基本相似的变形分

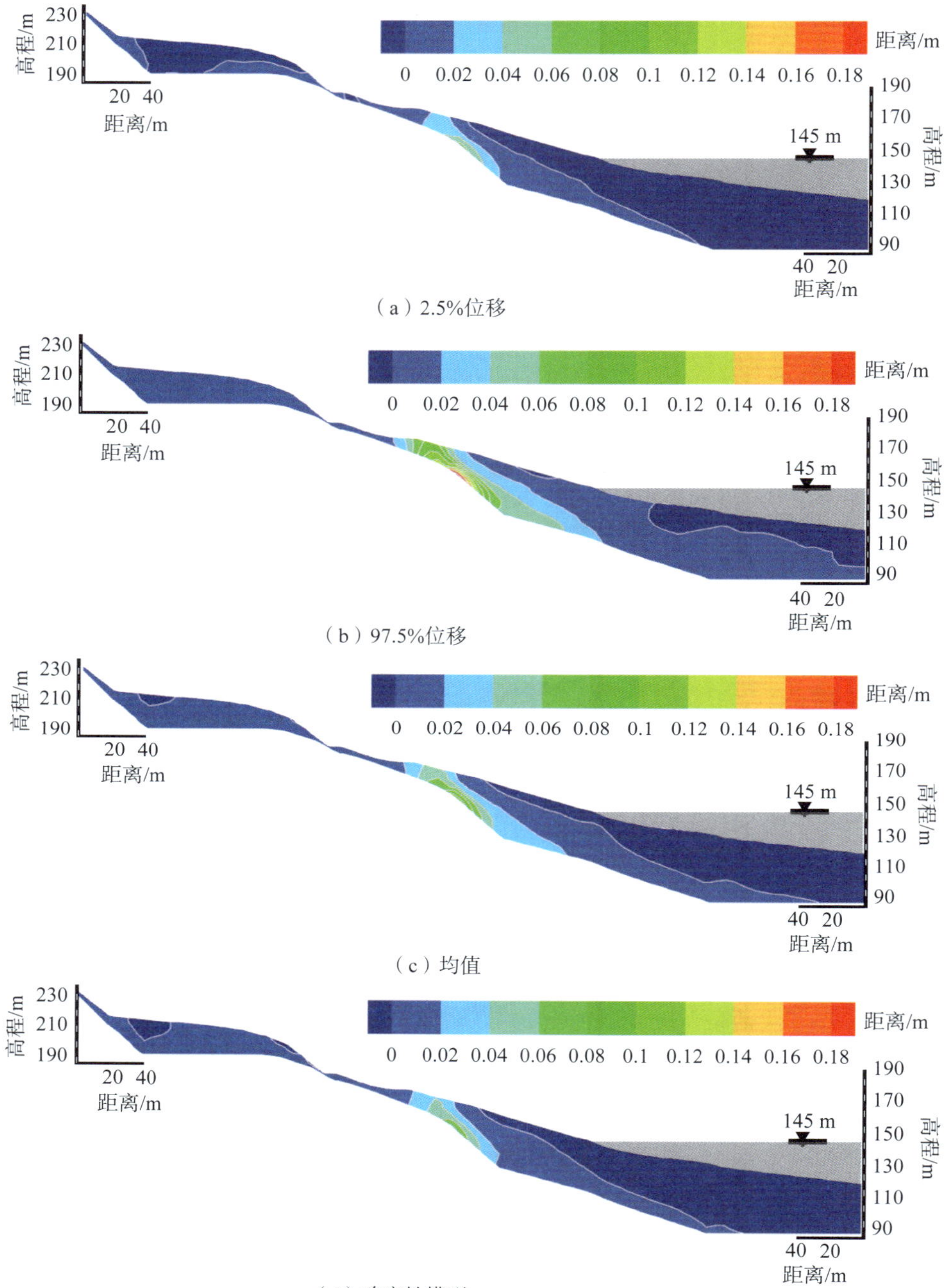

（a）2.5%位移

（b）97.5%位移

（c）均值

（d）确定性模型

图 6-21　随机场模型和确定性模型在模拟结束时刻的最大平面应变

布区域，但是空间变异性的考虑可能会出现局部变形的差异。总之，随机场模型能够展现出滑坡变形分布的多种可能性。在本次的研究案例中，确定性模型的变形低于随机场均值变形，而高于随机场的 2.5% 变形。可以认为确定性模型的变形是随机场模型的 2.5% 变形发展到均值变形的一种情况。

二、滑坡长期稳定性的概率分析结果

同样地选择库水位转折的关键时刻来计算两个滑面的稳定系数，共有 22 个时间点。为了清楚地表征每一时间点随机场模型的稳定系数分布特点，采用箱线图和变量分布曲线来刻画滑坡稳定性，如图 6-22 和图 6-23 所示。不同时间点处的滑坡体 F_S 最值和均值采用直线连接起来，来反映 F_S 的变化趋势。

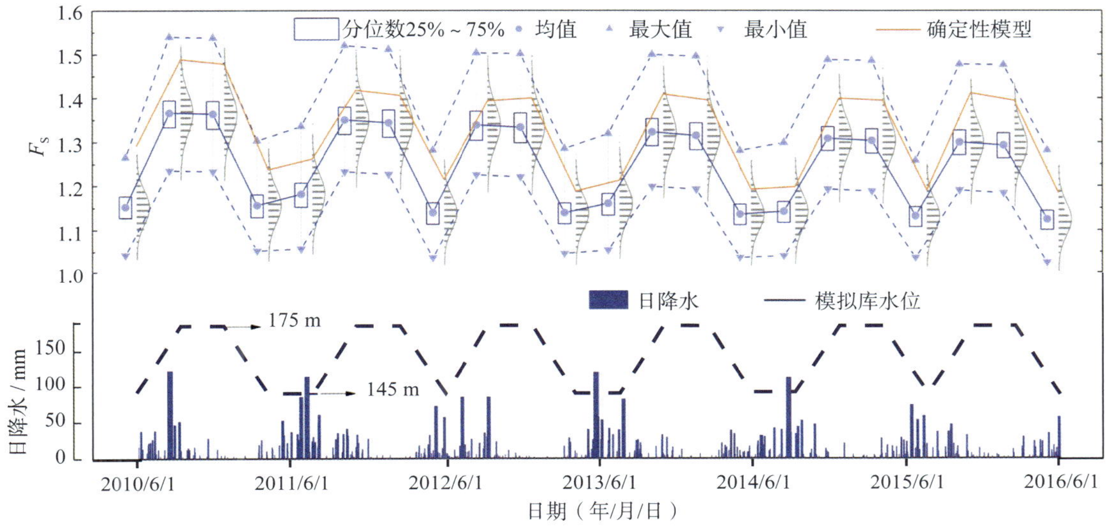

图 6-22 随机场模型中滑坡体 BC 的 F_S 分布

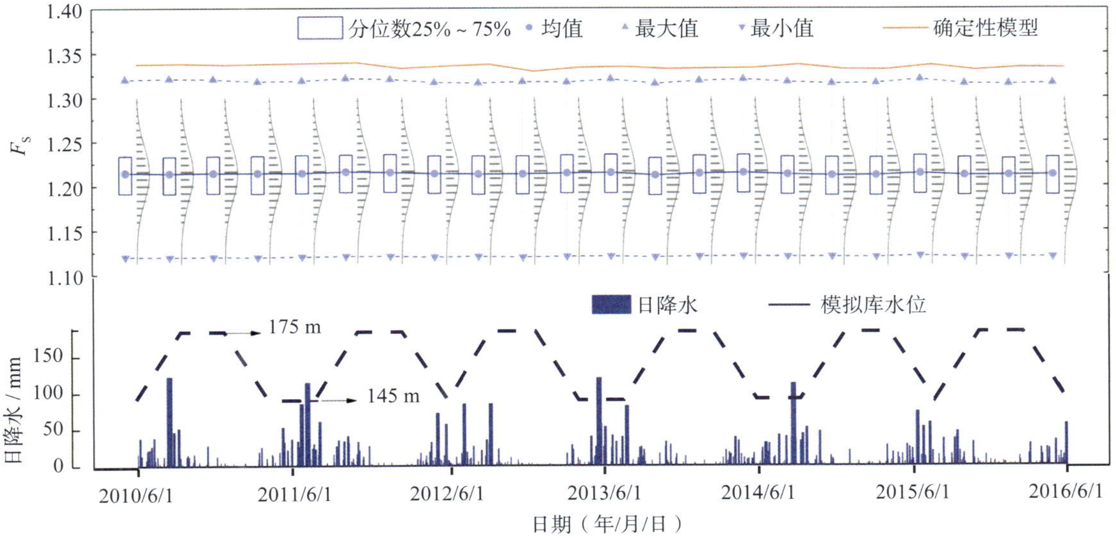

图 6-23 随机场模型中滑坡体 AB 的 F_S 分布

滑坡体 BC 的稳定系数变化情况如图 6-22 所示，每一时间点处 F_S 的分布类型与正态分布相似。随机场模型的 F_S 最值曲线、均值曲线和确定性模型 F_S 曲线随着库水位升降的变化趋势基本相同，但存在变化幅度上的差异。在 6 年的模拟时间内，随机场模型的滑坡稳定系数变化为 1.02 ~ 1.54；每一个时间点处稳定系数的极差为 0.22 ~ 0.31，每一个时间点处稳定系数的变异系数约为 0.03。在 175 m 高水位时，滑坡稳定系数变化范围为 1.18 ~ 1.24；在 145 m 高水位时，滑坡稳定系数为 1.02 ~ 1.06。确定性模型的 F_S 曲线处于随机场模型均值曲线和最大值曲线之间。在整个模拟时间内，滑坡稳定系数为 1.18 ~ 1.48，另外随机场模型与确定性模型的最大差值为 0.14 ~ 0.25。

滑坡体 AB 的稳定系数变化如图 6-23 所示，在整个模拟时间段内两个模型的 F_S 随库水和降水的变化趋势并不明显，这是由于 F_S 的坐标刻度范围较大以及不同时间下 F_S 的变化差异较小导致的。滑坡稳定性大小与地下水位变化关系密切。由 STK-3 地下水实际监测可知，滑坡后缘的地下水位变化幅度仅为 1 m。同时滑坡后缘主要受降水影响，降水容易引起浅层滑坡体的变形破坏，而滑面 AB 确定的是整个后缘滑坡体，而整个滑坡体是相对稳定的，稳定性变化不明显。

为了清楚地观察到 F_S 曲线的变化趋势，调整了坐标刻度如图 6-24 所示，确定性模型的 F_S 变化和随机场模型的曲线变化类似。在 6 年的模拟时间内，随机场模型的滑坡稳定系数值为 1.12 ~ 1.32，每一个时间点处稳定系数的最小值与最大值差值约为 0.2，每一个时间点处稳定系数的变异系数约为 0.026。可以明显看到确定性模型的滑坡稳定系数曲线要明显高于随机场模型的最大值曲线。在整个模拟时间内，确定性模型的滑坡稳定系数值为 1.33 ~ 1.34。另外随机场模型与确定性模型的最大差值约为 0.21。

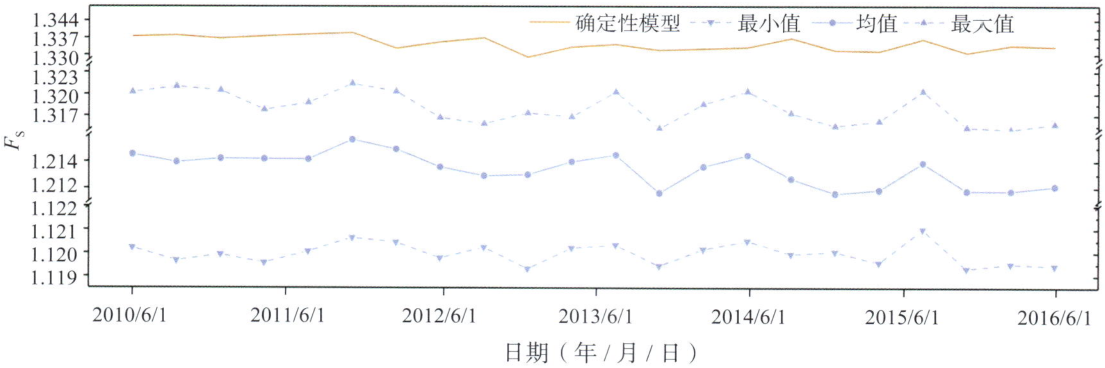

图 6-24　随机场模型中滑坡体 AB 的 F_S 分布

根据滑坡体 FP 两个模型的长期变形和稳定性结果，可知滑坡的稳定性与变形是直接相关的。滑坡的变形区域主要分布在库岸前缘，其变形稳定性受库水和降水的联合作用，而滑坡后缘的变形稳定性受降水控制。滑坡变形稳定性在随机场模型和确定性模型上的差异主要体现在幅度上。对于建立的 FP 滑坡数值模型，随机场模型的总体稳定性要低于确定性模型的稳定性。

参考文献

[1] ZHAO G, HAN Z, ZOU W, et al. Evolution of mechanical behaviours of an expansive soil during drying-wetting, freeze–thaw, and drying-wetting-freeze–thaw cycles[J]. Bulletin of Engineering Geology and the Environment, 2021, 80(10): 8109−8121.

[2] TANG C S, CUI Y J, SHI B, et al. Desiccation and cracking behaviour of clay layer from slurry state under wetting–drying cycles[J]. Geoderma, 2011, 166(1).

[3] ESTABRAGH A R, PARSAEI B, JAVADI A A. Laboratory investigation of the effect of cyclic wetting and drying on the behaviour of an expansive soil[J]. Soils and foundations, 2015, 55(2): 304−314.

[4] HU C, YUAN Y, MEI Y, et al. Comprehensive strength deterioration model of compacted loess exposed to drying-wetting cycles[J]. Bulletin of engineering geology and the environment, 2020, 79: 383−398.

[5] XUE Y, WU Y, MIAO F, et al. Effect of spatially variable saturated hydraulic conductivity with non-stationary characteristics on the stability of reservoir landslides[J]. Stochastic Environmental Research and Risk Assessment, 2020, 34: 311−329.

[6] ZOU Z, TANG H, CRISS RE, et al. A model for interpreting the deformation mechanism of reservoir landslides in the Three Gorges Reservoir area, China[J]. Natural Hazards and Earth System Sciences, 2021, 21(2): 517−532.

[7] Wang S, Wu W. A simple hypoplastic model for overconsolidated clays[J]. Acta Geotechnica, 2021,16(1): 21−29.

[8] YAO W, LI C, ZUO Q, et al. Spatiotemporal deformation characteristics and triggering factors of Baijiabao landslide in Three Gorges Reservoir region, China[J]. Geomorphology, 2019, 343: 34−47.

第七章 结　论

随机场理论可以描述岩土体性质在二维空间中的趋势变化、自相关性和随机波动性。构建随机场模型需要的基本统计特征有趋势均值、标准差或变异系数、波动范围、自相关函数、变量的概率分布类型和参数间的互相关性。其中波动范围作为描述空间变异波动尺度的重要参数可通过自相关函数法和半变异函数法来获得。然而由于场地数据的空间分布局限性和数量限制，波动范围常借鉴已有的统计范围或开展敏感性分析进行推断。变量边缘概率分布类型和参数间的互相关性可嵌入 Copula 函数来精确地考虑变量之间的多种相关结构。本章建立了基于单元中心点法和 KL 级数展开法的对数正态平稳随机场模型模拟流程，结合非侵入式随机有限元方法在 ABAQUS 平台上的实施步骤，可以有效地开展库岸堆积层滑坡变形与稳定性的概率分析。

为了合理地评估本构模型参数以及考虑参数评估过程存在的误差，本书提出了一种基于贝叶斯反演的本构模型参数概率评估方法，并详细地给出了基于结构可靠度子集模拟和自适应条件抽样的贝叶斯更新过程。选用三种不同复杂程度和表现形式的本构模型进行分析，利用多源试验数据实现了本构模型参数和试验结果的概率评估。结果表明该方法相对解决了试验数据驱动下本构模型参数的评估问题，量化了本构模型参数和试验曲线的不确定性，所提评估框架不局限于本书所选用的本构模型。节理模型参数中 σ 和 η 对应力应变曲线表征的贡献度相对较大，初始剪切模量 G 的贡献最小，其中 η 对试验曲线的软化表现影响明显。亚塑性模型的大多参数对剪切曲线的预测结果都有着重要影响，参数 λ^* 和 N 对加载曲线预测的敏感度相对较大，而在卸载曲线中，κ^* 的贡献度显然增加。不理想的试验数据会影响本构模型的预测表现，为了更真实地评估模型参数的不确定性，评估过程中应尽可能地融合所有试验数据，收集不同试验数据的试验误差和样本误差，并将其纳入误差 ζ 中。误差 ζ 越大，预测结果的离散性越大，当缺乏统计信息时，可以使用一个广泛的误差范围。

目前多数堆积层滑坡的渗流变形分析未考虑岩土体渗透系数的空间变异性，而其是客观存在的，并影响着滑坡的渗流变形特征。针对这一问题，以三峡库区典型堆积层滑坡——白水河滑坡为例，建立了基于滑坡实际渗透系数的空间变异特征的非平稳随机场模型和非侵入式随机有限元流程，为堆积层滑坡岩土体参数空间变异性的推测和库水升降下库岸堆积层滑坡的渗流变形特征的分析提供了借鉴。深入探讨了确定性模型和不确定性模型在库水升降两种工况下的渗流、位移变形及其差异特征。主要结果显示：相比于确定性模型，不确定性模型孔压的增大或减小较为缓慢，且不确定性模型会增大确定性模型在不同部位向坡内或坡外的位移变形；若忽略了滑坡体渗透系数的非平稳变异特征将会低估关键部位的变形。

相比于确定性模型计算得到的一次渗流变形结果，由于渗透系数的随机性和随深度的非平稳变化特征，不确定性模型分析的结果可以给出滑坡渗流变形的多种情况，以便研究者对滑坡的变形稳定状态有更宏观的把控；且在每一次不确定性模型的实现中，渗透系数空间变异场具有随深度变化的特征，较为切合实际。对于不确定性模型的建立，尤其是复杂随机场模型的构建，岩土体参数信息的获取和利用有着举足轻重的作用。而信息的全面获取是不现实的，如 SNMR 数据测点在水平方向分布有限，以至渗透系数的水平方向趋势较难建立。如何有效利用实际工程中有限的地质数据与监测数据建立更为精准的随机场模型是一个重要的研究方向。

贝叶斯反演方法提供了一个可以利用模型输出响应信息来概率性地更新模型输入参数的途径。该途径能够利用滑坡真实的响应数据信息来反演岩土体参数，获得融合监测信息后的滑坡岩土体随机场参数。通过建立随机场模型生成参数和数值模型输出信息之间的神经网络响应模型，结合贝叶斯反演框架可以相对高效地开展滑坡随机场参数的反演更新。基于已建立的随机场参数贝叶斯反演流程，利用塘角滑坡的地表位移和地下水位监测数据反演了饱和渗透系数和抗剪强度参数的随机场模型参数。渗透系数的反演结果表明地下水位高低与渗透系数均值有较高的负相关性，且相比于参数的标准差和相关距离，参数均值对滑坡地下水位的影响更大；抗剪强度参数的反演结果表明，相比于摩擦角，滑坡位移变形的大小与黏聚力的相关性更大。

本书分别开展了 0 次、1 次、2 次、3 次和 4 次干湿循环土体试验、三轴固结排水剪切试验和一维固结压缩试验，研究了不同干湿循环次数下土体的剪切强度和压缩特性变化规律，基于 Mašín 亚塑性黏土本构模型构建了干湿循环影响下土体的时变本构模型。研究结果表明，塘角滑坡前缘土体属于以粉粒和黏粒为主的低液限黏土。随着干湿循环次数的增加，应力－应变曲线有明显的下降趋势，4 次干湿循环下 15% 轴向应变处的剪切强度降低 50 ~ 100 kPa。抗剪强度参数也具有明显下降的趋势，这种下降趋势随着循环次数的增加而逐渐稳定，另外 c 受干湿循环的影响要明显大于 φ 的。随着干湿循环次数的增加，压缩指数具有增大的趋势，而卸载曲线的斜率变化并不明显。亚塑性本构模型中的参数 φ、c、λ^*、N 受干湿循环影响显著，其中 c 和 φ 呈现出明显的下降趋势，而参数 λ^* 和 N 呈现出上升趋势。

采用亚塑性模型建立的滑坡数值模型能够预测塘角滑坡 FP 滑坡体在库水循环波动和降

水作用下的时空变形趋势。如 FP 滑坡体前缘部位的位移变形具有阶跃式特点，以及其滑坡稳定系数具有随库水升降而循环变化的特点。库水波动带的干湿循环作用主要影响 FP 滑坡体前缘部位的稳定性和变形。在第一次水库运行周期之后，滑坡的稳定性开始下降；F_S 的下降幅度随着干湿循环次数的增加而逐渐增大，6 次干湿循环之后滑坡 F_S 的最大差异为 0.038。同理滑坡的位移变形随着干湿循环次数的增加而趋于增大，从监测点的位移情况来看，参数干湿循环弱化对滑坡变形的影响主要体现在位移大小上。在整个水力模拟周期内，G1 和 G2 的最大位移差值分别约为 190 mm 和 20 mm，其中 G1 离库水波动带较近，该区域的位移差异更大。

库水位周期性波动的力学效应可以视为一种循环加卸载行为。对于滑坡在库水位上升阶段的变形，摩尔库仑弹塑性模型比亚塑性模型在局部位置具有更大的指向坡内的负位移。当水位下降时，其位移反弹也比亚塑性模型的大。另外摩尔库仑弹塑性模型在降水量减少时也表现出较大的负位移。总之，亚塑性模型可以捕捉加卸载行为循环，从而预测到由加卸载循环引起的累积应变。然而摩尔库仑弹塑性模型没有考虑加卸载参数，当处于屈服面以内的应力状态时，该模型表现出完全弹性的应变反应。

随机场模型和确定性模型的稳定性和长期变形在库水位波动和降水作用下表现出相似的变化趋势，总体上在变化幅度上存在差异。对于本次建立的 FP 滑坡数值模型，相较随机场模型，确定性模型低估了滑坡变形以及高估了滑坡稳定性。相比于确定性模型，随机场模型具有重现滑坡多种变形破坏情形的能力，并且能够给出滑坡稳定系数和位移变形的范围。通过分析数值模型输出变量的统计特征，如均值、最值、中位数和置信区间，随机场模型可以捕捉到滑坡变形可能出现的演化特点。因此当具有获取岩土体参数统计特征可能性的时候，应进行滑坡变形和稳定性的概率分析。滑坡数值模型应尽可能地选择合理的土体本构模型，从而更精准地预测滑坡变形。